公司跟你想的不一樣

做到最好才能活下來

永續圖書線上購物網
www.foreverbooks.com.tw
讀品文化事業有限公司
yungjiuh@ms45.hinet.net

思想系列 73

公司跟你想的不一樣：做到最好才能「活」下來

編　　著　陳正諺
出 版 者　讀品文化事業有限公司
責任編輯　陳俊漢
封面設計　林鈺恆
內文排版　王國卿

總 經 銷　永續圖書有限公司
TEL ／(02)86473663
FAX ／(02)86473660
劃撥帳號　18669219
地　　址　22103 新北市汐止區大同路三段 194 號 9 樓之 1
TEL ／(02)86473663
FAX ／(02)86473660
出 版 日　2018 年 10 月
法律顧問　方圓法律事務所　涂成樞律師
CVS 代理　美璟文化有限公司
TEL ／(02)27239968
FAX ／(02)27239668

國家圖書館出版品預行編目資料

公司跟你想的不一樣：做到最好才能「活」下來／
陳正諺編著. --初版. --
新北市 ： 讀品文化, 民 107.10
面； 公分. -- （思想系列：73）
ISBN 978-986-453-083-0 (平裝)
1. 職場成功法
494.35　　107014260

CONTENTS

1 耐得住寂寞才能成大器

2 公司不明說但不能容忍的工作態度

3 公司最青睞的工作能力

CONTENTS

4 與公司做對會被驅逐出場

5 別把問題留給公司

CONTENTS

Part 1

耐得住寂寞才能成大器

01

所有人都必須從基層生根

一家跨國公司招聘員工，吸引了大批年輕人，但由於標準很高，許多人都被刷了下來。經過一番嚴格的篩選之後，一位年輕人脫穎而出，公司對他的表現也很滿意。人力資源部經理和他先後談了三次，最後，問了他一個出人意料的問題：「如果公司要你先去洗廁所，你願意嗎？」

年輕人毫不在意地說：「我們家的廁所都是我洗的。」結果他成功入選。原來，這家公司訓練員工的第一課就是洗廁所，因為在服務行業裡，他們的理念是：只有從最基層的工作開始學習，才能夠真正懂得「以客為尊」的道理。

事後，有人問這位年輕人，當時你為什麼那麼乾脆回答自己願意洗廁所呢？

年輕人說：「我剛畢業，沒有工作經驗，不可能一開始就能躍居高位，從基層做起，對我來說是很自然的事，這樣更能鍛鍊自己。」

這位年輕人的可貴之處就在於有自知之明，能對自己進行準確的定位。相比之下，許多員工卻無法正確認識自己，找不到自己的定位，所以認為現在的工作沒辦法實現自己的價值，覺得自己應該得到更高的職位。這種浮躁心態，不僅不利於工作，而且對員工個人價值的提升也毫無益處。對於一個員工來說，最好的位置不一定是最高的，而是最合適的。

有些人自認為是天才，總希望一進入公司就能被委以重任。這種想法很幼稚。因為即便你是天才，你也需從基層做起。並且從基層做起，自己才能在公司扎根。

很多員工對自己抱有不切實際的期望，認為自己一開始就應該受到重用，不願意從最基本工作做起，認為基層的工作沒有任何意義，對自己毫無價值。其實，任何一位員工接受基層的工作鍛鍊都是非常有必要的。基層的工作可以說明他們在踏實的努力中更好地看清自己，認識自己的價值所在，也能夠不斷提升自己的價值，更好地找到自己的位置。

再者，對於剛步入職場的新人來說，無論你多麼有能力，無論你有多大的雄心壯志，由於沒有工作經驗，僅僅從簡歷上的那些資訊不足以說服公司把你放到重要位置上。此時，一定要對自己有個準確的定位，認識到自己在經驗上的欠缺，把自己放低，因為你的能力還沒有從實踐中得到表現，只能從最基本的工作開始，在工作中不斷發揮自己的才能。一旦你的能力得到充分凸顯，老闆是不會把你放在低位上浪費人才的。

事實上，很多的企業家都是從最底層的工作開始的。從哈佛大學機械製造專業畢業之後，大衛一心想要加入美國最著名的機械製造公司——維斯卡亞公司。但是這家知名的公司裡人才濟濟，高層技術人員更是爆滿，對於他這樣沒有實踐經驗的新手根本不會在意。為了能夠進入該公司，大衛假裝自己一無所長，順利以清潔工的身分進入車間去打掃鐵屑。

他勤懇地工作著，雖然工作簡單枯燥而且辛苦，但是他仍然做的很認真，他利用清潔工可以到處走動的特點，細心觀察了整個公司各部門的生產情況，並做了詳細的記錄。一次，公司生產的許多產品因為品質問題被退回，公司為此召開緊急會議，商討解決辦法。這時，大衛站了出來，他不但提出了自己的看法，而且拿出了自己對產品的改造設計圖。新設計讓客戶非常滿意，公司立刻擢升大衛為經理，專門負責生產技術。

所以，在對待工作問題上，一定要先認清自己，不要盲目地被自己的雄才大志遮蔽了眼睛。哈佛大學畢業的大衛尚且能夠從清潔工做起，如果你沒有相應的技術、經驗等「硬體」資本，狂妄地想要一蹴而就是非常不切實的，不妨從最基層的工作做起，踏踏實實地工作，同時不斷從工作中汲取經驗，提升自己的能力，發揮自己的特長，在小舞台上一樣能演出不平凡的人生。當你在工作中找到自己的定位時，你會發現你的價值已經得到了最好的體現。

02

低調忍耐的人往往會受到稱讚

保持團隊團結是管理者的一項重要任務，因此老闆喜歡低調忍耐的人，而不是處處張揚並時有衝動之舉的人。要想不被老闆視作眼中釘，你必須懂得低調和忍耐。

中國有句俗語說：「大丈夫能屈能伸。」說的便是忍辱負重。試想，假如當時韓信逞一時之勇而與對方打鬥哪還有後來的常勝將軍呢？「伏久者飛必高，開先者謝獨早。」只有長久潛伏修智，才能成就大事，才能一鳴驚人。所以你想在工作上一帆風順，在事業上大展宏圖，就要學會忍耐。

智揚是公司的一個小職員，每天雖然算不上兢兢業業，但也還是能把自己分內的事情做得比較好，而對於其他的事情卻是不聞不問，即便是同事的東西掉了，如果對方不要求，他也不會主動去撿。因此，在同事的眼中，他是有名的「懶漢」，人們也沒有把他放在眼裡，日子就這樣相安無事地進行著，每天準時上班，準時下班。

可是這種局面並沒有維持多久，在一次意外中，智揚的上司（部門主任）因為身體不適住進了醫院，並且需要修養一段時間，所以公司決定，要重新選出一位主任，並且因考慮到業務的關係，決定在現有的人選中挑選。

這下子整個辦公室氣氛開始怪了起來，大家都為了爭取這個機會而開始了激烈的競爭，明爭暗鬥在所難免，有的人甚至還動了歪腦筋，開始走經理的後門，被經理拒絕之後又開始想另外的辦法。唯獨智揚似乎對這個位子沒有多大的興趣，也沒有想爭取的動作。同事們都覺得很奇怪，但是都忙於自己的事情而沒有理會他。

不久之後，老闆決定出來了：智揚當選。原因很簡單，智揚成熟穩重，能做好分內的事情，並且最重要的一點是懂得忍耐。

就在家人為智揚舉行慶功宴的時候，智揚道出了實情：其實他也想參與競爭，但是他懂得競爭並不一定要擠進「潮流」之中，那樣自己的才華容易淹沒在同事們內，相反，忍耐一下讓自己的形象和同事們的形象完全區分開來，那麼就有一種「鶴立雞群」的感覺，老闆很快就可以看到自己了。

忍耐，讓智揚不僅贏得了主任的職位，還贏得了大家的尊重，更贏得了上司的器重。忍耐不是軟弱，也不是無能，而是一種韜晦之計。要想在職場上大顯身手，就必須要懂得這個生存技巧。

03 懂得退一步的人更容易進十步

適時的退讓是非常必要的，這對爭取到最後的勝利絕對有益無害。要知道，誰笑到最後，誰才能笑得最好。以「退」的方式來達到「進」的目的，可以說是一條獨闢蹊徑的成功經驗。

俗話說：退一步路更寬。實際上，退是另一種方式的進，而防守也是另一種形式的進攻。暫時退卻，忍住一時的慾望，將你內心湧動的志向之火悄悄隱藏，養精蓄銳，鼓足力量，後退後的前進將是更快、更有效、更有力的。有時，通往成功的路，便是這樣一條曲線之路，但踏上這條路你就絕對不會撞得頭破血流。欲速則不達，退一步才能進十步，就是這個道理。

一位電腦博士學成後開始找工作，因為有個嚇人的博士頭銜，一般的用人單位「不敢」錄用他，而經驗的缺乏又讓很多知名企業對他抱有懷疑。在整個不景氣的就業形勢下，他發現自己的「高學歷」竟然成了累贅。思索再三，他決定收起所有的學位證明，以其它的身分進入職場，去獲取自己目前最需要的財富——經驗。

不久，他就被一家公司錄用為程式輸入員，這種初級工作對於擁有博士學位的他來說簡直是種「侮辱」，他並沒有敷衍了事，反倒仔細又一絲不苟地工作起來。一次，他指出了程式中的一個重大錯誤，為公司挽回了損失，老闆對他進行了特別嘉獎，這時，他拿出了自己的學士證，於是，他得到了一個與大學畢業生相稱的工作。

這對他是個很大的鼓勵，他更加用心地工作，不久便出色地完成了幾個項目，在老闆欣賞的目光中，他又拿出了自己的碩士證，為自己贏得了又一次提升的機會。

愛材惜材的老闆對他產生了濃厚的興趣，開始悉心地觀察他，注意他的成長。當他又一次提出一些改善公司經營狀況的建議時，老闆和他進行了一次私人談話。看著他的博士證書，老闆笑了。

他終於得到了理想中的那個職位，儘管有些曲折，但他卻覺得從最低處開始努力的整個過程都很有意義。

這位博士以退為進，先將自己放低，然後踏實地奮鬥，為自己積蓄內在資本。「真金不怕火煉」，他在平凡的崗位上顯示出了光彩，被慧眼識英的老闆委以重用。在目標不可能一蹴而就的時候，他選擇了暫時的「退」，為自己贏得了另一個事業起步的機會。

一個人只有深諳進退之道，知道審時度勢，才能明確自己的處境，從而知進識退，進退有節，揮灑自如，才能在激烈的社會競爭中立於不敗之地。

霜打露頭草，槍打露頭鳥。職場上的每一個人都可能是你的敵人，如果不懂得進退之道，只會一味地冒進，你就可能成為別人的靶子，最終名利兩空。職場發展猶如鬧市行車，要左顧右盼、東張西望，做一個智者，在進退的藝術之間成就人生的提升。

生活的智者們不會在形勢不利於自己的時候去硬拼硬打，那樣，有可能是以卵擊石，自尋死路，也有可能是兩敗俱傷，損傷慘重。在這種時候，他們會先「退一步」，以求打破僵局，為自己積蓄力量贏得機會，因此可以「前進十步」。

他們能分清不同的場合，進而採取不同的處世態度。當自己處於弱勢時，會採取以退為進的方針，才能避開強者的鋒芒，保存自己的實力。等到有朝一日羽翼豐滿時，才表明自己的主張和態度，這時候，他們就是真正的強者了。

04 想躍龍門，必先學會隱藏野心

家銘只用了五年的時間就成了一家公司的副總經理，不可否認，他是憑真本事坐上這個位子的，不過用他的話來說，就是他所取得的一切成績，都是被逼出來的。因為他自小就父母雙亡，是外祖母一手將他拉拔大的，那時的日子過得很苦，但外祖母還是供他讀完大學，所以他必須努力工作，用最好的成績報答外祖母的養育之恩。

不論是從一開始當普通職員，還是到後來當了副總經理，家銘都表現得非常出色。後來他發現總經理靜惠坐在那位子上可以說是形同虛設，每次家銘向她請示工作時，靜惠都認真聽他說話，最後只說一句：「你放心去做吧。」算是應允了。這樣一切幾乎都是家銘在決策，但一遇上要簽合約時，客戶老是要和總經理面談。這點讓家銘很不服氣：不就是老闆的小姨子嗎？一點能力也沒有，卻硬是占著位置。

家銘想謀總經理位置的念頭一現，就不想放棄了。他明明知道靜惠是老闆的小姨子，這事不太好辦，但隨著為公司賺錢的數目增加，他的信心也越來越大了，他想：老闆想給小姨子薪資，放在哪個位置都可以辦得到，何必一定要當總經理呢？

老闆是個笑面人，幾次聽了家銘的怨言，都不動聲色，只是笑問：「我那小姨子不會過多干涉你的工作吧？」家銘心想：雖然如此，但總給我留下一塊心病。就答：「也許將靜惠放在別的位置上，公司的收益會更加好。」老闆臉上依然笑著，但心裡已有了盤算。

後來，老闆真的勸小姨子別當總經理了，這下惹火了靜惠，作為大股東的靜惠越想越氣，不久就炒了家銘的魷魚。家銘萬萬沒有想到事情會是這樣的結果。

成功，也就意味著你在社會的階層樓梯上又往上攀登了一層。但是越往上，競爭就越激烈，就好比一個公司，上層領導人的位置不可能像普通職工的位置一樣多，如果你想往上攀登，就需要等待你的上司能把他的位置留給你。

可是，如果你的上司得知你在等著他走好自己頂上去，他一定先把你趕出去。因此，「韜光養晦」是大有學問的。要有耐心，還要有信心，更重要的是要善於偽裝，表面上看自己並沒有野心，工作又要勤勤懇懇。換句話說就是要善於裝「孫子」。自己首先不要小看「孫子」，只有「孫子」才有做「爺」的希望，也才有做「爺」的資格。因此，有做「孫子」的機會一定不要放過，而且「孫子」還要做得有模有樣。為此，一定練好韜光養晦的功夫，使對方對你的「不良居心」失去戒心。

薩達特是一九五二年埃及「七・二三」革命的組織者和發起者之一。革命成功後，他不圖大權，恬淡自若。對於大權在握的納賽爾的話，他總是唯唯諾諾。納賽爾為此稱薩達特為「畢克巴希薩薩」，即「是是上校」，甚至不滿意地講：「只要薩達特不老說『是』，而用別的話來表示他的贊成意見時，我就會覺得舒服些。」

在日常工作中，薩達特不露聲色，表現得平平常常。對於內政問題和外交大事，他從不拿出主見，偶爾自己的公開態度稍有出格，他就會立刻糾正，與納賽爾的信念保持一致。

一九六七年第三次中東戰爭後，納賽爾考慮隱退，將紮克里亞・毛希西提名為繼任者。但三年之後，經再三權衡，考慮到順從及危險性小等理由，納賽爾出人意料地選薩達特為繼任者。除了易於控制和為人溫和的考慮，埃及軍方也支持薩達特。

一九七〇年九月納賽爾去世，埃及開始了一場激烈的權力之爭。爭奪者們既有潛在勢力，又都大權在握，他們互不相讓。後來出於政治妥協，把平日不起眼的薩達特捧上了總統寶座。但是他們沒有想到，這位看來不起眼的薩達特繼任總統後，竟一反平日之態，大刀闊斧，雷厲風行，迅速控制了政府權力。

薩達特就這樣忍住鋒芒，故意顯示出弱小，卻出乎意料，又意料之中地獲得實權，實現了自己的政治野心。

有人喜歡在辦公室裡大談人生理想，這顯然很滑稽，工作就應安心工作，雄心壯志回去和家人、朋友說。在公司裡，要是你沒事整天念叨「我要當老闆，自己置辦產業」，很容易被老闆當成敵人，或被同事看做異己。

如果你說「在公司，我的水準至少夠做副總了」或者「三十五歲時我必須當到部門經理」，那你很容易把自己放在同事的對立面上。因為野心人人都有，但是位子有限。你公開自己的進取心，就等於公開向公司裡的同僚挑戰。僧多粥少，樹大招風，何苦被人處處提防，被同事或上司看成威脅呢。做人要低姿態一點，是自我保護的好方法。你的價值體現在做多少事上，在該表現時表現，不該表現時就算低調一點也沒什麼不好，能人能在做大事上，而不在說大話上。

俗話說：「槍打出頭鳥」，說的也就是這個道理。因為，在這種情況下，人們往往希望自己的對立面越少越好，自己的競爭對手越少越好。所以，誰要是先出頭，無疑會首先遭到攻擊，這是必然的。其實，我們不妨看看所有的競爭過程，實際都存在一個比較普遍的規律：淘汰制。也就是說，它是透過不斷淘汰來實現的。

而這種淘汰又往往是以某種不太公平的方式進行。它不像在體育比賽中那樣有一定的分組。而且，即使有一定的名額分配，那也還有一個機遇的問題。在把握不住的情況下如果晚點進行這個程式，觀察得更仔細一些，往往成功的可能性也就越大。

暴露出你的野心就會過早地捲入晉升之爭，如果過早地捲入晉升之爭，就會過早地暴露了自己的實力，也同時顯出了自己的缺陷，以致於在競爭中往往處於不利的被動境地。在一般的情況下，人們在競爭初期總是十分謹慎地保護自己，做到盡可能地不露聲色。這樣，便可以使自己較好地避免在競爭中受到別人及對手的「攻擊」。正如兵書上所說的那樣，自己在明處、對手在暗處，此為大忌也。相反，盡可能地忍讓、克制自己的慾望和衝動，便可以起到「後發制人」的作用，可以在知己知彼的情況下，獲得競爭中的主動權。

如果你過早地捲入晉升之爭，就不容易瞭解整個競爭清況了，使自己後面的行為陷入被動。這種情況常常出現在根據自己的瞭解和判斷，覺得自己的條件在各方面與其他競爭對手比較，有取勝的可能，於是，便當仁不讓地衝上前去。其實，我們很可能並不真正瞭解所有競爭對手的情況。俗話說：「真人不露相」，說不定在你身邊就有高人呢。如果這樣，你暴露野心的行為只會使你陷於不利的境地。聰明的人在這種競爭中會首先仔細地反覆考察，對比自己與對手的優勢和劣勢，經過反覆權衡之後，決定自己該如何做。

職場上沒有永遠的朋友，只有永遠的敵人。過早暴露出野心，就等於過早向別人宣戰。這樣你就可能成為眾矢之的。最好的方法就是將自己的野心隱藏起來，悄然為自己佈局，讓一切操控都在別人不知不覺中進行。

05

先要「埋頭」才能「出頭」

老闆希望他的員工安安心心、踏踏實實地把工作做好，而不是整天好高騖遠、「吃著碗裡看著鍋裡」。先要「埋頭」才能「出頭」。如果不會「埋頭」，就可能被「砍頭」。

在工作中，不好好工作而空談理想，很容易被人看成是好高騖遠的表現，反而讓人反感。在同事眼裡，你的言行很容易被視為一種自負和挑釁，如果別人恰好和你有同樣的想法，你還容易成為他們的潛在競爭對手或者威脅，所以做人要低姿態一點，這是自我保護的好方法。

你的價值體現在業績上，而不是高談闊論、虛張聲勢上，要知道，你不切實做出成績，就算你真有經天緯地、運籌帷幄之才，又有誰會買你的帳呢，恐怕只能徒增別人對你的厭煩。

當客觀條件不充分時，沉住氣，在低處養精蓄銳，待時機成熟時再放手一搏，不失為一種出奇制勝的明智之舉。

有一家非常有名的中外合資公司，前往求職的人如過江之鯽，但其用人條件極為苛刻，有幸被錄用的比例很小。那年，從某明星大學畢業的冠杰，非常渴望進入該公司。於是，他給公司總經理寄去一封履歷表。很快他就被錄用了，原來打動該公司老總的不是他的學歷，而是他那特別的求職條件——請求隨便給他安排一份工作，無論多苦多累，他都會保證做得比別人出色，而且只拿五分之四的薪水就好。

進入公司後，他果然做得很出色，公司也提議要恢復他的全薪，但他拒絕了。後來，因受所隸屬的集團經營決策失誤影響，公司必須裁減部分員工，因此很多員工失業了。而他非但沒有被裁員，反而還被提升為部門經理。他依然兢兢業業，也成為公司業績最突出的部門經理。

過了不久，公司準備給他升職、加薪，還允諾給他相當誘人的獎金。面對如此優厚的待遇，他沒有受寵若驚，反而出人意料地提出了辭呈，轉進了各方面條件均很一般的另一家公司。很快，他憑著自己非凡的經營才幹，贏得了新公司的上下一致信賴，被推選為公司總經理，當之無愧地拿到遠遠高於前一家公司許多的報酬。

當有人追問他當年為何堅持少拿五分之一的薪水時，他微笑道：「其實我並沒有少拿一分的薪水，我只不過是先付了一點學費而已，我今天的成功，很大程度上取決於在那家公司裡學到的經驗……」

高標立世必須以低處修身為基點，這好比彈簧，壓得越低則彈得越高，只有安於低調，樂於低調，在低調中蓄養勢力，才能獲取更大的發展。冠杰的成功經歷給了我們很多啟示，成功是靠做出來的不是吹出來的，只有沉住氣，不斷提升自己，才能為自己贏得更廣闊的發展空間。

06 實戰經驗是公司最看重的經驗

職場當中，常見有些員工把工作當成雞肋，食之無味，棄之可惜。一方面，他們不滿意現在的工作，另一方面，出於種種原因又不得不做這份工作。殊不知，心不甘情不願地工作，不管對於企業來說，還是對員工個人來說，都是毫無裨益的。很多員工充滿了夢想，卻不肯腳踏實地地去實現夢想。他們自命懷才不遇，整日怨天尤人，工作無精打采。

其實，每一份工作都是成就卓越的機會，在平凡的工作中沉得住氣，腳踏實地工作的人，總能在工作中收穫諸如才能、社會經驗、人際關係等。而那些心浮氣躁，不懂得經營手中工作的人，在等待「轉機」的過程中白白錯失一個個提升自我的機會，即使「轉機」真正降臨，他們也會因為缺乏足夠的能力而與之失之交臂。

義祥是一個企業終端科的科長，負責對銷售終端佈置的規範性進行指導和提供諮詢。可是義祥除了完成自己的本職工作外，還喜歡接手一些其它相關的工作。企業培訓導購員時，他是當仁不讓的組織、策劃和對口管理者；憑藉很強的談判能力和對消費者需求的熟知程度，他積極參與促銷活動所需的禮品採購；他還承接了資訊收集工作，為此安排專人每天為企業高層與相關職能部門整理、報送各項最新資訊……同事都覺得義祥是「傻瓜」，甚至有人對他冷嘲熱諷。

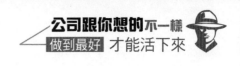

不過義祥對此處之泰然，他說：「我不光是為老闆工作，更不是為了賺錢，我是在為自己的夢想工作，為自己的前途工作。我要在業績中提升自己，要使自己工作所產生的價值遠遠超過所領的薪水。只有這樣，才能得到我想要的東西——工作的快樂，成功的快樂。」

一年後，義祥的下屬已經從最初的幾個人增加到了幾十個人，隨著部門的擴容和職能的增多，他所在的部門由科級升為處級，當時說義祥是「傻瓜」的人，有的成了他的下屬，有的辭職另謀出路。

莎士比亞曾說：「我們寧願重用一個活躍的侏儒，也不要一個貪睡的巨人。」現實生活中，像說義祥是「傻瓜」那樣的人並不少，他們沒真正明白「公司是老闆的，舞台是自己的」這個淺顯的道理，一心夢想著高薪舒適的工作，心浮氣躁，消極怠工，這些人也許短時間內能濫竽充數、渾水摸魚。但長此以往，對於自己和公司都將是很不利的，他們的成功之路恐怕會越來越崎嶇，甚至是黃粱一夢，遙不可及。

職場當中，許多員工對於薪水常常缺乏深入的認識和理解。薪水只是工作的一種回報方式，每一份工作除了帶給我們薪水之外，還為我們帶來了很多成長的機遇。譬如，艱難的任務能鍛鍊我們的意志，新的工作能拓展我們的才能，與同事的合作能培養我們的人格，與客戶的交流能訓練我們的品性。公司是我們成長過程中的另一所學校，工作能夠豐富我們的經驗，增長我們的智慧。與在工作中獲得的技能與經驗相比，微薄的薪水就會顯得不那麼重要了。公司支付給你的是金錢，工作賦予你的是可以令你終生受益的能力。

沉住氣，多做一點事，你的能力就多增一分，你的影響力同時也多增一分。一些人花費很多精力來逃避工作，卻不願花相同的精力來努力完成工作，他們以為自己騙得了老闆，其實，他們愚弄的只是自己。不要為了老闆而工作，也不要僅僅為了金錢而工作，要像義祥那樣——為夢想而工作，為自己的前途而工作。周圍環境不是你懶散的藉口，要時刻牢記：心有多大，舞台就有多大。

某公司的董事長，在員工大會上講過這樣一件事：在他的公司裡，有兩位很出色的員工，袁先生和高小姐，均被另外一家公司看中，想以高薪挖走他們。袁先生看到對方提出的薪酬標準比原來的公司高，於是很快就遞交了辭職信。董事長對他說：「你再考慮一下，那家公司很可能只是要利用你。」但袁先生沒有聽從勸告，堅決地投奔了那家公司。而高小姐拒絕了那家公司的高薪聘請，選擇繼續留在原本的公司勤懇工作。

事情發展到後來，跳槽的袁先生果真如董事長所料的那樣，並沒有得到重用。沒過多久時間，當那家公司利用完袁先生以後，就把他「踢」出門外。而選擇留下的高小姐，如今已經是原本公司國外部的副總了。

董事長最後總結道：「你來工作，並不是為了薪水這個目標，而是謀求將來的發展。那位袁先生看到的只是眼前的小利，而高小姐看得卻很長遠，她選擇的是發展，像這種員工就值得去栽培。儘管發展之路開始時可能很艱難，但走到後面卻是一條黃金之路。如果連路都是黃金鋪成的，那還怕沒錢嗎？」

工作是一個施展自己才能的舞台，我們寒窗苦讀來的知識、應變力、決斷力、適應能力……都將在這個舞台上得到展示。人的一生很短暫，我們需要成功，而成功的實現離不開勤奮工作。

總之，公司雖是老闆的，但平台卻是屬於自己，把工作當成施展自我抱負與風采的舞台，沉住氣，扎扎實實演好自己的每一個角色，做好在職的每一天，利潤雖然屬於老闆，但價值卻是自己的！

Part 2

公司不明說但不能容忍的工作態度

01

老闆沒有義務看你的臉色

從前，有一個農夫買了一頭驢子，驢子每天都要為自己的農夫主人工作，任務很繁重，但是農夫分給牠的飼料卻很少，根本就吃不飽。於是，驢子跑去請求宙斯，牠說：「請你讓我離開農夫吧！我忍受不了，這種超負荷的壓力和這樣苛刻的雇主。我想換一個新主人。」

於是，宙斯答應了牠的請求，把牠賣給了一個陶工。陶工安排驢子從野外搬運沉重的黏土，並把製造好的陶器運送到集市上。陶工一直都在製陶，於是驢子也跟著不停地搬運，牠現在的生活比以前更勞累。

驢子忍受不了這樣的生活，於是又請求宙斯再給牠換一個主人。

「這次你一定要給我換一個既受主人重視又很輕鬆的地方！」於是，宙斯把驢子賣給了一個皮匠。

牠一到皮匠那裡，看到裡面的情形就後悔不已了。主人雖然器重牠，但那是因為驢子有一身好皮。驢子痛苦地說：「我真不幸，留在以前那些主人那裡該多好啊！現在連我的皮都得交給這個人了。我早該明白，到哪裡工作都是要吃點苦的。」

職場中，許多人因為不滿意自己的工作而時時抱怨，這種情緒又影響到其工作的品質，讓其更加不滿意，如果循環下去，成功也就越來越遠了。

一天黃昏，一個天使在城門口相遇另一個天使，便問他說：「這些日子你在忙些什麼，交給了你什麼工作。」

另一個天使答道：「指派我去監護一個墮落的人，他就住在下面山谷裡，是個作惡多端的罪人，卑劣之至。我敢向你斷言，這是個重大任務，我工作得好辛苦。」

第一個天使說道：「那是個輕而易舉的差使。我時常碰到罪人，好幾次做過他們的監護者。然而現在指派我去監護一個善良的聖徒，他就住在那邊的村舍裡。我敢向你斷言，這是件十分艱巨的工作，而且微妙極了。」

第二個天使說道：「這不過是臆測罷了。一個聖徒倒比一個罪人難於監護，這怎麼可能呢？」

第一個天使答道：「竟說我妄加臆測，真是無禮！我說的只是真情實況。依我看來，你才是妄加臆測哩！」

在兩個天使又吵又鬥的時候，有個天使長走過。他阻止他們，說道：「你們為什麼打架？究竟是為了什麼緣故？」

兩個天使立刻都聲稱指派給自己做的工作是更辛苦的，因此他應該得到更大的賞識。

天使長道：「既然如此，為了和平的緣故，為了良好的監護職責，我派你們兩位擔當起對方的職務。現在你們走吧，祝你們工作勝任愉快。」

兩個天使奉命而去。但每個天使都懷著更大的憤怒回頭看了天使長一眼。他們的心裡都在想：「這些天使長啊！他們使我們天使的生活一天比一天難過了。」

而天使長站立在那裡，自己再一次的思考。他在心裡說道：「我們確實非警惕不可，要開始監督我們的監護天使了。」

可見，把情緒帶到工作當中，只會造成你和上司之間的猜忌。

人都有七情六欲，都會有不穩定的情緒低潮期，只不過因著工作的需要，我們必須學會把情緒壓抑住。因為情緒容易失控的人，在旁人的眼中就像顆不定時炸彈，時好時壞的特質肯定是讓人無法防備！所以，只要你想成功，想跟大家打成一片，情緒的控制絕對是非常重要的。在辦公室裡，如果你只顧自己情緒的發洩而忘了該注意的事，影響工作氛圍，更影響工作效果。

由於工作中，更多的是同事之間或上級與下屬之間，面對面經由口頭語言來進行的，因此，你的情緒就會自始至終貫穿著這個過程，對於自己個人情緒的控制，也是事業成敗與否的一個關鍵。

作為一名員工，他的情緒在工作中扮演著重要的角色。在職場中不會事事順心，總有一些令人惱怒或者不愉快的心情；如果一個多愁善感的人，稍遇到一些不順心的事情，就可能鬱鬱寡歡。但無論是怒火中燒，還是鬱鬱寡歡，都勢必會極大程度地影響你的工作順利進行。

老闆希望看到員工在快樂的工作，並且快樂工作已經成為職場上的流行主題。如果你無法控制自己的情緒，將負面情緒摻雜到工作中，老闆就會將你剔除出隊伍。老闆沒有義務看你的臉色，而且他們會相信：帶著情緒工作的人，一定做不好工作。

02 請假的損失不止是被扣的薪資

也許你對一日或幾日的工資不在乎，請假後任憑公司扣除。其實老闆比你更不在乎你的工資，這些錢對公司來說簡直不值一提。他在乎的是你的工作態度。請假會有副作用，這些副作用就是被莫名其妙炒魷魚，或渴望已久的晉升如煮熟的鴨子般飛走了。

芹芹在某公司做櫃檯人員，雖然櫃檯工作事務瑣碎，但在沒客人來的時候又無事可做，因此覺得來不來上班都一樣。最近她戀愛了，如同所有戀愛中的男女一樣，覺得時刻和男友膩在一起才幸福。為此她經常找藉口向老闆請假，曾在一月之內請了四天！

她的男友曾提醒她不要常常請假，她則一副不以為然地說：「沒事啦。就請幾天假哪有什麼大影響！」

不過與芹芹估計的正好相反，老闆對她下了最後通牒：「如果妳無視於妳的職責，恐怕妳不得不另謀高就！」

別把請假當作一件無足輕重的小事對待！那種愛說「要扣薪水就扣好了」的員工，無論到哪個單位，都不會有老闆欣賞的。「我常缺勤，可是我有才能！」不要妄想用這樣的語言應付老闆，要知道，經常缺勤請假可是升職路上的一大障礙。

不要隨便找個藉口就去找老闆請假，因為次數一多，會讓人無法接受。只要一有事，哪怕是一件微不足道的私人小事就請假，還自我安慰說：「反正我把工作做完了，就算今天沒來，明天我會多做一點的，沒什麼大不了。」那就會給你的日後造成麻煩，甚至嚴重影響你的個人前途。

小菲和艾雯都是某公司銷售科的業務骨幹。當公司要在她們當中選拔一個人擔任銷售科經理時，對她們的業績進行了考核，發現她們業績相當，協調性、創造性等各項條件也不相上下。在這種情況下，老闆很難判斷到底誰比較好。因為一旦做出了錯誤的判斷，很可能會引起下屬的不滿，會有失公平之嫌。這時，最容易用來作為判斷標準的就是出勤率。最後，小菲因為多請了幾次假，而喪失了這個升職的好機會。

其實老闆並非不准員工請假，人都難免會生病；有事也同樣不能避免。但在工作繁忙的情況下，老闆不太希望下屬請假這種心態是無可厚非的。任何人當了老闆都不希望下屬經常脫離工作崗位。

員工經常缺勤請假，從某種意義上說明員工缺乏忠誠敬業精神，這樣必會給老闆留下不良印象，至於影響你的升遷那是很自然的結果。所謂「種瓜得瓜，種豆得豆」，今天我們的狀態都是對昨天的所為負責而已。沒有別人會為我們的「倒楣」買單，除了自己。所以，不要輕易缺勤請假。

在現今的公司制度之下，因為分工的實行，個人應該分擔的責任相對地減少，但是不要因此就動不動缺勤。正因為分工很細，你一旦脫離崗位，很可能影響到整個團隊工作的繼續，如同鍊條一樣，需要各個崗位的配合才能完成。

當老闆在評價兩個實力相當的員工，以及決定給他們獎賞和升職時，有很多指標都是模糊的，最後他們的出勤時數就有可能作為參考衡量的指標之一。在此情形下，諸如責任心、合作精神、創造性等，往往會只處於次要的地位。

當然也切不可做一個先斬後奏的自由主義者。請假對於員工而言，是常有的事情。請假按規定應於事前向上級主管報批，待獲得允許後你才能離開工作崗位。請假的方式和頻率，往往也成為公司評價你的重要依據。公司將以此評定一個人的工作態度，進而直接影響到你的考核成績。無論如何，不可肆無忌憚地想請假就請假，當心留下不良的紀錄，影響自己的業績考核和升遷。

一個人或一個公司的形象是很重要的，經常缺勤請假不僅會影響自己的形象，還會影響公司的形象，甚至還會帶動別的員工也缺勤請假，有這樣嚴重的後果，你還會經常請假嗎？

03 工作時間要對私事「免疫」

老闆會討厭有人在上班時間做自己的私事，因為已經花錢購買了員工的工作時間，如果你在工作時間內處理私事，在老闆眼裡將會視作是小偷——偷走了本該屬於他的東西。

「喂，幹嘛呢？」一大早剛上班就能看到淇元忙碌的身影。一會兒是老同學請假，敘舊談話一刻鐘，一會兒是父母慰問電話十分鐘，當然少不了的還有女友的溫馨問候……

三通電話過後，已經快到中午了！他只好開始抱怨事太多，處理不完，因為沒有時間，主要的原因是自己人緣好，總有不同的人和他聯繫。而淇元又是一個來者不拒，對朋友很重情義的人。因此，朋友和女朋友鬧分手，他也會不吝惜自己的工作時間，先電話諮詢安慰，再發訊息瞭解情事進展。最後別人的事情差不多理順了，就只有他自己還沉浸在別人的故事中無法走出，滿堆的工作毫無頭緒，不知從何開始！

像淇元這樣的員工就屬於公私不分的人。

有些員工自認為跟老闆的關係非同一般，在公司便為所欲為，從來不管同事的感受，使自己的工作作風一點都不嚴謹。但真正卓越的員工是懂得如何保持工作作風，努力使自己在工作上不出差錯。

不要帶親友來公司

有些企業明文規定，非本部門員工不得進入工作場所，門衛也實行了嚴格的控制，但還有人會透過有形或無形的「後門」讓親人進來。這種犯規的行為，一旦被老闆發現，是必定要受處分的。

即使沒有明文規定的公司，也不宜這樣做。在工作場合會見親人，肯定會影響工作，這是毫無疑問的，就算不跟親人談話，也仍然會影響工作。

非本單位的人往往對廠裡的機器、設備、原物料等情況十分不熟悉，一不小心就會出事故。輕則磕磕碰碰，弄得頭破血流，重則可能有生命危險。尤其是小孩，他們年幼無知，好奇心又重，一不小心就容易出事故。要工作又要分心管孩子，到頭來很可能孩子沒管好，工作上又出了差錯。

一個優秀的員工，不論家裡有沒有事也不要隨便帶親朋好友到自己的單位。實在有事，寧願請假也不要把你們的私事拿到公司討論、解決。

不要經常打電話聊私事

照理說，工作時間一般是不應該打私人電話的。但這樣做，也有相當的困難。每個打進單位來的電話都會自稱是非常重要的，你卻無法分辨誰真誰假。要是一概不准接進來，萬一人家確有急事，就顯得太不人道了。所以，對於上班時間的私人電話，老闆也沒有萬全的辦法，一切都得靠大家自覺。但有些人卻不那麼自覺，他們不斷有私人電話打到公司裡來，而且一聊就是半天，把工作擱在一邊。有人甚至認為，打私人電話要花錢，這種「馬拉松電話」就該在公司裡打。這實在不是卓越員工所應該有的想法。

老闆與部屬的關係是工作關係，公司自然是工作場所，私人電話一般不應該在上班時打進來。實在有事，最好在休息時間打。這應該和親朋好友都說清楚。萬一有人在非休息時間打電話進來，也應該三言兩語，了斷清楚。

不把工作放在首要位置的人，公司老闆也不會把你放在首位。最重要的原因倒不是打電話佔用的時間，而是通常你通話後便無法專心工作，電話中的內容無論是令你喜悅的，還是令你悲憤的，它們共同的壞處就在於干擾你的工作情緒。

如果你希望晉升，就要減少因私事而向同事或老闆請託，因為上班時段內的一分一秒都必須為公司所用，員工所領的薪水也包含了被約束的代價。

上班時間內有私人訪客又該如何處理呢？

最不好處理的就是由對方打到辦公室談論私事的電話，雖然你一直想要早點掛斷電話，對方卻嘮嘮叨叨地說個沒完。遇到這種情況可以這樣處理：「對不起，我現在要去開會了，有事下次再說吧！」「對不起，我現在正好有客人來訪，待會兒再回你電話。」

在這種情況下，即使說謊也是不得已的。因為在辦公時間內，抱著電話談私事是要不得的行為。你如果有這種行為，被炒魷魚是遲早的事。

如果你常在工作期間處理私人事務，老闆會感覺你不夠忠誠。因為公司是講求效益的地方，任何投入必須緊緊圍繞著產出來進行。工作時處理私人事務，無疑是在浪費公司的資源和時間。

一位老闆曾經這樣評價一位當著他的面打私人電話的員工：「我想，他經常這樣做，否則他怎麼連我也不防？也許他沒有意識到這有悖於職業道德。」另有某公司的老闆說：「我不喜歡看見報刊、雜誌和閒書在工作時間出現在員工的辦公桌上，我認為這樣做表示他並不把公司的事情當一回事，他只是在混日子。」

對老闆來說，工作時間處理私人事務，很大程度上反映出員工的工作心態。有些老闆通常把私人事務的多少，當作一位員工是否積極上進、安心本職工作的考核標準。因此，公私不分，工作時間處理私人事務，既影響你的工作品質，也直接影響了你在老闆心目中的形象。

04

公司會讓逃避覆命的人逃命

老闆看重的是結果，如果不能實現最好的結果，並且不將結果準確無誤傳達給老闆，輕則老闆會認為你什麼都沒做，重則會因為你的失職為工作釀成大錯。

逃避覆命，是一種輕慢工作職責的表現，許多大的災難，往往孕育於此。

當巴西海順遠洋運輸公司派出的救援船到達出事地點時，「環大西洋」號海輪已經消失了，二十一名船員失蹤了，海面上只有一個救生電台有節奏地發著求救的信號。救援人員看著平靜的大海發呆，誰也想不明白在這個海況極好的地方到底發生了什麼，進而導致這艘最先進的船沉沒。這時，有人發現電台下面綁著一個密封的瓶子，打開瓶子，裡面有一張紙條，二十一種筆跡，上面這樣寫著：

一水理查：三月二十一日，我在奧克蘭港私自買了一個檯燈，想給妻子寫信時照明用。

二副瑟曼：我看見理查拿著檯燈回船，說了句這小檯燈底座輕，船晃動時別讓它倒下來，但沒有干涉。

三副帕蒂：三月二十一日下午船離港，我發現救生筏施放器有問題，就將救生筏綁在架子上。

二水大衛斯：離崗檢查時，發現水手區的閉門器損壞，用鐵絲將門綁牢。

二管輪安特爾：我檢查消防設施時，發現水手區的消防栓銹蝕，心想還有幾天就到碼頭了，到時候再換。

船長麥凱姆：起航時，工作繁忙，沒有看甲板部和輪機部的安全檢查報告。

機匠丹尼爾：三月二十三日上午理查和蘇勒的房間消防探頭連續報警。我和瓦爾特進去後，未發現火苗，判定探頭誤報警，拆掉交給惠特曼，要求換新的。

機匠瓦爾特：我就是瓦爾特。

大管輪惠特曼：我說正忙著，等一會兒拿給你們。

服務生斯科尼：三月二十三日下午一點到理查房間找他，他不在，坐了一會兒，隨手開了他的檯燈。

大副克姆普：三月二十三日一點半，帶蘇勒和羅伯特進行安全巡視，沒有進理查和蘇勒的房間，說了句：「你們的房間自己進去看看」。

一水蘇勒：我笑了笑，也沒有進房間，跟在克姆普後面。

一水羅伯特：我也沒有進房間，跟在蘇勒後面。

機電長科恩：三月二十三日兩點，我發現跳閘了，因為這是以前也出現過的現象，沒多想。就將閘合上，沒有查明原因。

三管輪馬辛：感到空氣不好，先打電話到廚房，確認沒有問題後，讓機艙打開通風閥。

大廚史若：我接馬辛電話時，開玩笑說，我們在這裡有什麼問題？你還不來幫我們做飯？然後問烏蘇拉：「我們這裡都安全嗎？」

二廚烏蘇拉：我也感覺空氣不好，但覺得我們這裡很安全，就繼續做飯。

機匠努波：我接到馬辛電話後，打開通風閥。

管事戴思蒙：兩點半，我召集所有不在崗位的人到廚房幫忙做飯。

醫生莫里斯：我沒有巡診。

電工荷爾因：晚上我值班時跑進了餐廳。

最後是船長麥凱姆寫的話：晚上七點半發現火災時，理查和蘇勒房間已經燒穿，一切糟糕透了，我們沒有辦法控制火勢，而且火越燒越大，直到整條船上都是火。我們每個人都只犯了一點錯誤，但釀成了人毀船亡的大錯。

看完這張絕筆紙條，救援人員誰也沒說話，海面上一片死寂，大家彷彿清晰地看到了整個事故的過程。

每個人都只差了一點點，結果釀成了一場損失巨大的事故。如果每個人都堅守自己的崗位，對自己所負責的工作進行覆命，就一定能夠制止事故的發生。

做為員工，我們都肩負著一定的職責，而每一種職責連綴起來，就構成了集體的職責。任何一個崗位的疏忽和延誤，都不可小視。「千里之堤，毀於蟻穴」。在企業中，許多大問題的爆發，是一些小問題累積的過程。高效覆命，能讓我們及時發現潛伏著的危機和問題，在第一時間內做出反應。

逃避覆命或低效覆命，會使一些小的隱患發生質變，造成無法估量的損失。逃避覆命，就是逃避了責任。失去了責任意識與覆命精神的支撐，我們會在工作中失去內心的源動力，導致職場生命的枯萎與調零。

05 差不多先生會上老闆的黑名單

你知道中國最有名的人是誰?提起此人可說是無人不知,他姓差,名不多,是各省各縣各村人氏。你一定見過他,也一定聽別人談起過他。差不多先生的名字天天掛在大家的口頭上,因為他是全國人的代表。

差不多先生的相貌和你我都差不多。他有一雙眼睛,但看得不很清楚;有兩隻耳朵,但聽得不很分明;有鼻子和嘴,但他對於氣味和口味都不很講究;他的腦子也不小,但他的記性卻不很精明,他的思想也不很細密。

他常常說:「凡事只要差不多就好了,何必太精明呢?」

他小的時候,媽媽叫他去買紅糖,他卻買了白糖回來,媽媽罵他,他搖搖頭道：「紅糖白糖不是差不多嗎？」

他在學堂的時候，先生問他：「直隸省的西邊是哪一個省？」他說是陝西。先生說：「錯了。是山西，不是陝西。」他說：「陝西同山西不是差不多嗎？」

後來他在一個錢鋪裡當夥計，他也會寫，也會算，只是都不精細，十字常常寫成千字，千字常常寫成十字。掌櫃的生氣了，常常罵他，他只是笑嘻嘻地說：「千字比十字只多一小撇，不是差不多嗎？」

有一天，他為了一件要緊的事，要搭火車到上海去。他從從容容地走到火車站，結果遲了兩分鐘。火車已在兩分鐘前開走了。他白瞪著眼，望著遠遠的火車上的煤煙，搖搖頭道：「只好明天再走了，今天走同明天走，也還差不多。可是火車公司，未免也太認真了，八點三十分開同八點三十二分開，不是差不多嗎？」他一面說，一面慢慢地走回家，心裡老是不明白為什麼火車不肯等他兩分鐘。

有一天，他忽然得一急病，趕快叫家人去請東街的汪大夫。家人急急忙忙地跑去，一時尋不著東街汪大夫，卻把西街的牛醫王大夫請來了。差不多先生病在床上，知道尋錯了人，但病急了，身上痛苦，心裡焦急，等不得了，心裡想道：「好在王大夫同汪大夫也差不多，讓他試試看吧。」於是這位牛醫王大夫走近床前，用醫牛的法子給差不多先生治病。不到一刻鐘，差不多先生就一命嗚呼了。

差不多先生差不多要死的時候，一口氣斷斷續續，地說道：「活人同死人也差……差……差不多……凡是只要差……差不多……就……好了……何何必……太……太認真呢？」他說完這句格言，方才絕氣。

他死後，大家都很稱讚差不多先生樣樣事情看得破，想得通，大家都說他一生不肯認真，不肯算帳，不肯計較，真是一位有德性的人，於是大家給他取個死後的法號——圓通大師。

後來，他的聲名越傳越遠，越久越大。無數人都學他的榜樣，於是人人都成了一個差不多先生——然後，中國從此就成了一個懶人國了。

以上是胡適先生在《差不多先生傳》這篇小品文中抒寫的文字，卻也揭示了職場中存在的一些現象。現代職場中，很多企業的員工凡事都得過且過，工作不到位，在他們的工作中經常會出現這樣的現象：

五%的人看不出來是在工作，而是在製造矛盾，無事必生非＝破壞性地做；

十%的人正在等待著什麼＝不想做；

二十%的人正在為增加庫存而工作：「蠻做」、「盲做」、「胡做」；

十%的人沒有對公司做出貢獻＝在做，但是負效勞動；

四十%的人正在按照低效的標準或方法工作＝想做，而不會正確有效地做；

只有十五%的人屬於正常範圍，但績效仍然不高＝做不好，做事不到位。

做任何工作都要講究到位，半到位和不到位是不可行的。任務執行時做到位，就是要有嚴謹的工作態度，對要做的工作不能敷衍，要認真去辦，執行時不能打折扣。

在這個世界上，每個人都有自己的職位，每個人都有自己的做事準則。醫生的職責是救死扶傷，軍人的職責是保衛祖國，教師的職責是培育人才，工人的職責是生產合格的產品……社會上每個人的位置不同，職責也有所差異，但不同的位置對每個人卻有一個最起碼的做事要求，那就是做事做到位。

無論是個人的生活層面還是職業到事業生涯上的表現，我們隨時都需要百分百的投人才能夠有望傑出。光是投入八十%、九十%，甚至九十九%，都無法令人驚歎，頂多只能夠做到差強人意而已。執行任務，僅僅完成工作中規定的任務，並不是一個能夠激勵人心的目標，如果你想成為一個卓有成效的職場人員，那就應該努力超越自己，達到令大家驚歎的地步。

贏在市場的產品祕訣就是要比對手精益一點點，因此老闆比你更懂得精益對於企業的重要性。因此他會重用精益求精的人才，而解聘那些喜歡「差不多」的人。

06

只求做完的人不是符合要求的人

工作當中，完成任務只是最基本的準則，把事情做好才是老闆對每一個員工最核心的要求。我們生活中最讓人痛心的，不是在追求更好的過程中失敗的人，而是那些把工作當做任務，在工作中停止了自己的追求，滿足現狀的人。只追求最低工作標準的員工往往連最低標準也達不到。只有那些沉得住氣，不斷追求做得更好的員工才能成為職場中的贏家。

偉至是一名理髮師，他的理髮店在街角最不起眼的地方，卻是顧客盈門。理由很簡單：這裡面有一位很好的理髮師。他總能把顧客的頭髮剪出最好的效果。如果能夠擁有一個好髮型和一份好心情，在路上多花一點時間又有什麼關係呢？不僅如此，他的客人還向自己的家人和朋友推薦這家理髮店。久而久之，偉至的理髮店名聲大噪，成為這個城市中首屈一指的理髮店。

偉至對工作的態度近乎偏執。一次，有個人來店裡理髮。偉至告訴對方，剪髮大概需要四十分鐘的時間，對方沒有異議。可是，當剪到三十分鐘的時候，這位顧客突然接到一個電話，得馬上走。但偉至堅持說：必須把頭髮剪完才能走，不然的話，會影響到整體的效果。顧客很生氣，但是偉至仍然不肯放他走，並且再三強調要對自己的工作負責。顧客沒有辦法，只能留在店裡把頭髮剪完。

半年後，那位顧客又來了，他笑瞇瞇地對偉至說：「上次在你這裡剪頭髮而耽誤了生意，我曾發誓再也不來這裡了。但後來發現其他理髮店剪出來的效果都沒有這裡好。現在，我和我的朋友們只會到你這家理髮店剪髮了。」

在工作中，許多人對工作抱著敷衍了事的態度，當上級向下級問及工作的情況時，常常會聽到這樣的回答：「我已經做了。」如果繼續問下去：「有什麼效果？問題解決了嗎？」很多人卻回答不上來。

這樣的執行只停留在「做」的層面，是毫無意義的。生存在現今的職場，要想站穩腳跟，不能只把工作做完，而要沉住氣，把事情做到完美，不然只能扮演可有可無的角色，終有一天被別人取而代之。

職場中，任何一位員工的工作成績都是他工作狀態的最終呈現。那些認為工作只要能夠達到最低標準就可以的員工，永遠無法把自己和其他員工區分開來，只能一輩子做著相同的工作；只有那些沉得住氣，不斷超越自我的員工，才能夠最終擠進優秀員工的行列。

NBA的傳奇人物「飛人」喬丹曾經說過：「從『不錯』邁入傑出的境界，關鍵在於自己的定位。」這句話適用於我們工作和生活的方方面面。

過去，人們判斷一個人是否優秀，關鍵是看他是否聽話，是否服從命令、遵守紀律。但是現在，優秀的判斷標準已經發生了很大的變化。過去一位公司老闆經常表揚一位家離公司很遠的員工，稱讚他：「雖然家遠，但從不遲到早退。當很多人還沒有起床的時候，他已經在路上奔波一個多小時了。」

但是現在，這位老總極力誇獎的是那些在公司附近租房住的員工，說他們能夠保持充沛的體力，所以工作時更加投入，工作品質和效率也更高。由此可見，優秀的標準不是你付出了多少努力，不是你有多辛苦，而是你為公司創造了多少價值，你有沒有把工作做好。

一位出版社編輯每天按時上班、準時下班，工作上也很少出錯。但半年後，她被辭退了。其父為此事鬧到公司：「我女兒也沒犯什麼錯誤，怎麼會被資遣了呢？」

沒犯錯誤不是工作的充分條件，因為在「沒犯錯誤」之前還有「表現良好」，在「表現良好」之前還有「表現優秀」。社會最先選擇的自然是「表現優秀」的人，而「沒犯錯誤」的人只能被淘汰了，因為沒有人會捨棄黃金而取粗沙的。

老闆對你的要求一定是要你把事情做好，而不僅是把事情做完。做完是你的職責，做好才能展現你的能力。如果你僅僅把做完當作標準，你將會變得越來越不稱職。

所以，盡心盡力做好現在的工作僅僅是「做對」而已；要想保住現在的工作，不被淘汰出局，就必須做到「出色」；而要想以現在的工作為起點，儘快實現自己的夢想，獲得成長和發展的機會，就必須沉住氣，把工作做到「最好」。

07 做到最好才能「活」下來

不論什麼行業、什麼工作，既然值得做，就應該做到最好。

成功學家格蘭特納說：「如果你有自己繫鞋帶的能力，你就有上天摘星星的機會。」韋爾奇也說：「要去摘星星，而不是沉迷於『令人厭煩的』小數點。」

當你選擇了一份工作的時候，你也在選擇一種生活方式：你可以選擇湊湊合合地把事情做完，讓別人在背後指責你，也可以選擇把工作做得漂漂亮亮，用行動贏得別人的尊重。既然做了一件事，就要把它做好，抱怨工作或薪水並不能使你成功，要把精力集中在盡可能做出最好成績的努力上。

但是在現代職場中，有很多公司的員工凡事得過且過，做事做不到最好，主要表現是做事做不到位。在他們的工作中經常會出現這樣的現象：五%的人看不出來是在工作，能偷懶就偷懶，閒聊、上網，一下班就不見人影；十%的人正在等待著什麼，被動地接受老闆的吩咐；二十%的人正在為增加庫存而工作，把簡單問題複雜化，把工作做成一鍋粥，整天一團混亂；十%的人沒有對公司做出貢獻，雖然在做，卻是負效勞動；四十%的人正在按照低效的標準或方法工作，缺乏靈動的思維，永遠在忙，卻到最後才完成任務；只有十五%的人屬於正常範圍，但績效仍然不高，並沒有踏踏實實、全力以赴。

每個人都有自己的職責，每個人都有自己的做事準則。醫生的職責是救死扶傷，軍人的職責是保衛祖國，教師的職責是培育人才，工人的職責是生產合格的產品……社會上每個人的位置不同，職責也有所差別，但不同的位置對每個人卻有一個最起碼的做事要求，那就是做事做到位。

要麼不做，要做就要做到最好，否則浪費的只是自己的時間，影響的也只是自己的前程。工作不分貴賤，任何工作都值得好好去做。很多人認為自己所從事的工作是無足輕重的，對工作敷衍了事，根本沒有認識到工作的價值，談不上做好，更談不上做到最好，反而經常將心思放在怎樣才能尋找到一個薪水高、輕鬆又體面的工作上。以這種態度，還想找一個好工作，那不是癡心妄想嗎？

在各行各業中都有施展才華和加薪晉職的機會，關鍵要看你是不是以積極主動的態度來對待你的工作。無論何時何地你都不能瞧不起自己的工作，職位能帶給你什麼並不重要，重要的是，你在這個職位上可以給公司帶來什麼。無論你在哪裡工作，都要盡自己的最大努力，全力以赴把工作做好，做到位。

實際上，要做就做到最好，這是每個人成功的前提。如果你老是偷懶耍奸，那還談什麼將工作做好？要做好你的工作，就必須付出百分百的努力。只有充分發揮自己的聰明才智，對每一項工作都盡心盡力，才能獲得大發展及成功。所謂「謀事在人，成事在天」，其實應該是「謀事在人，成事亦在人」。

08

最理想的任務完成期是昨天

某公司老闆要赴海外出差，且要在一個國際性的商務會議上發表演說。他身邊的幾名要員於是忙得頭暈眼花，要把老闆出差所需的各種資料都準備妥當，包括演講稿在內。

在該老闆出差的那天早晨，各部門主管也來送機。有人問其中一個部門主管：「你負責的檔案打好了沒有？」

對方睜著那惺忪睡眼，道：「昨天我熬不住去睡了。反正我負責的檔案是以英文撰寫的，老闆看不懂英文，在飛機上不可能複讀一遍。等他上飛機後，我回公司去把檔案打好，再以電訊傳過去就可以了。」

誰知轉眼之間，老闆駕到。第一件事就問這位主管：「你負責預備的那份檔案和資料呢？」這位主管按他的想法回答了老闆。老闆聞言，臉色大變：「怎麼會這樣。我已計劃好利用在飛機上的時間，與同行的外籍顧問研究一下自己的報告和資料，才不會白白浪費坐飛機的時間呢！」

天啊！這位主管的臉色一片慘白。

作為一名員工，任何時候，都不要自作聰明設計工作，期望工作的完成期限會按照你的計劃而後延。成功的人士都會謹記工作期限，並清晰地明白，在所有老闆的心目中，最理想的任務完成日期是：昨天。

這一個看似荒謬的工作要求，是保持恆久競爭力不可或缺的因素，也是惟一不會過時的東西。一個總能在「昨天」完成工作的員工，永遠是成功的。其所具有的不可估量的價值，將會征服任何一個時代的所有老闆。

特別在新世紀的今天，商業環境的節奏，正在以令人眩目的速率快速運轉著。大至企業，小至員工，要想立於不敗之地，都必須奉行「把工作完成在昨天」的工作理念。作為一名老闆，百分之百是「心急」的人，為了生存，他們恨不得把每一分鐘當成十分鐘。按他們的速率預算，羅馬三日建成也算慢。所以，要老闆白花時間等你的工作結果，比浪費金錢更叫他心痛，因為失去一分鐘，在那一分鐘內能想到的業務計劃，可能價值連城。

平心而論，沒有哪個不講效率者能成為老闆，也沒有哪個老闆，能長期容忍辦事拖延的員工。你要想在職場中一路順風，炙手可熱，最實際的方法，就是滿足老闆的願望，讓手中的工作消化在「昨天」。

就是，在羅馬應該於昨天建成的心理狀態下，對老闆交代的工作，在第一時間內進行執行，爭取讓工作早點瓜熟蒂落，讓老闆放心。成功存在於「把工作完成在昨天」的速率之中，如果每次老闆的囑咐都獲得儘快處理，你必會成為最能讓他開心的人。

千萬不要愚蠢地像上例中的那位主管，把昨天就能完成的工作拖延到明天。而如果你已完成，就不要愚蠢地等到老闆開口，說那句「你什麼時候做完那件事」時，才匆忙呈上自己的成績，在慌亂中彙報，這樣必會在印象上大打折扣。

將任務完成在昨天，最關鍵的一點就是要高效率利用時間。哲學家以及詩人歌德說：「我們都擁有足夠的時間，只是要好好善加利用。」一個人如果無法有效利用有限的時間，就會被時間俘虜，成為時間的弱者。一旦在時間面前成為弱者，他將永遠是一個弱者。因為放棄時間的人，同樣也會被時間放棄。

同樣的工作時間，同樣的工作量，為什麼你無法像別人那樣在第一時間完成？亨利．福特這樣解釋：人們每天花在處理一些沒有必要處理的事情上的時間太多，數量說起來實在相當驚人。他還把這些吞噬你時間的瑣碎事情列舉出來：

一、打太多的電話。

二、上班時間吃早餐。

三、上班時間談論私人事件。

四、花太多的時間計較細枝末節。

五、所讀的東西沒有任何資訊，也沒有給予任何啟發。

六、在應該著手進行下一項工作的時候，卻往往停下來對別人解釋自己為什麼要做這些事情。

七、把上班時間拿來做白日夢。

八、在不重要或不值得做的事情上，投注寶貴的時間和精力。

九、拜訪太多的朋友，且拜訪時間太久。

這些聽起來是不是很熟悉？你說不定可以給這個清單再添加點別的事項，說明自己工作時是如何浪費時間的。

如果是這樣，你已浪費了很多時間。要想做一個成功的職業人才，你必須解決浪費時間的問題。每個人的時間都掌握在自己手上，全天下除了你自己之外，沒有人能夠為你解決浪費時間的問題。在這裡，你若想剷除浪費時間的根源，就要把你時間裡頭的「枝芽」摘除掉，把養分——精力和注意力灌溉給會結出果實的主幹，只有這樣，你才能提高工作效率，享受成功的果實。

能按期完成任務，那只能說明你稱職。要想達到卓越，就必須珍惜時間，提高工作效率，將工作完成在昨天。

Part 3

公司最青睞的工作能力

01 懂得合作的人才能生存

在古希臘時期的賽普勒斯，有一座城堡裡曾經關著一群小矮人。傳說他們是因為受到了可怕咒語的詛咒而被關到了這個與世隔絕的地方。他們找不到任何人可以求助，沒有糧食，沒有水，七個小矮人越來越絕望。

小矮人們沒有想到，這是神靈對他們的考驗，關於團結、智慧、知識、合作的考驗。小矮人中，阿基米德是第一個收到守護神雅典娜托夢的。雅典娜告訴他，在這個城堡裡，除了他們待的那間陰濕的儲藏室以外，其他的二十五個房間裡，有一個房間裡有一些蜂蜜和水，夠他們維持一段時間；而在另外的二十四個房間裡有石頭，其中有兩百四十塊玫瑰紅的靈石，收集到這兩百四十塊靈石，並把它們排成一個圈的形狀，可怕的咒語就會解除，他們就能逃離厄運，重歸自己的家園。

第二天，阿基米德迫不及待地把這個夢告訴了其他的六個夥伴，其中四個人都不願意相信，只有愛麗絲和蘇格拉底願意和他一起去努力。剛開始的幾天裡，愛麗絲想先去找些木柴生火，這樣既能取暖又能讓房間裡有些光線；蘇格拉底想先去找那個有食物的房間；而阿基米德想快點把兩百四十塊靈石找齊，好快點讓咒語解除；三個人無法統一意見，於是決定各找各的，但幾天下來，三個人都沒有成果，倒是耗得筋疲力盡了，更讓其他的四個人取笑不已。但是三個人沒有放棄，失敗讓他們意識到應該團結起來。他們決定，先找火種，再找吃的，最後大家一起找靈石。這是個靈驗的方法，三個人很快在左邊第二個房間裡找到了大量的蜂蜜和水。

很難想像，如果他們還是不合作，只相信自己才能解決問題的話，他們也許永遠都無法找到生存的方法。

有人說，團隊和個人的關係就好像是水和魚的關係。我們每個人都是魚，而我們的團隊就是水。魚是離不開水的，無論我們從事怎樣的工作，其實都是處在一個團隊當中。正是這個團隊中每一個人各司其職，才使得我們的努力可以獲得收益。

德國足球隊在世界上最優秀的足球隊之一，被譽為「日爾曼戰車」。一位世界著名的教練說：「在所有的隊伍當中，德國隊是出錯最少的，或者說，他們從來不會因為個人而出差錯。從個別的球員看，德國隊是脆弱的，可是他們十一個人就好像是由一個大腦控制的，在足球場上，不是十一個人在踢足球，而是一個巨人在踢，這對於對手而言那是非常可怕的。」

在現代企業，團隊的力量遠遠大於一個優秀人才的力量。當今世界，任何具有重大意義的科學研究、理論探索、技術工程等等，都不可能再憑藉個人單槍匹馬的奮鬥就能完成。

三個「臭皮匠」是如何勝過足智多謀的諸葛亮呢？毫無疑問，因為三個或更多的「臭皮匠」能夠取長補短，集合眾人之長，精誠協作。一個高效團結的團隊是如今這個日漸複雜的商業社會所必須的。而能力、性格、資源、技術等等的優勢互補，也是合作的團隊所必須的。公司是大家共同生存的平台，離開它誰也不會有更好的收益，而相互之間的互相拆台則有如下面的小寓言所闡述的道理一樣。

從前，在一個原始森林裡，住著一隻長著兩個頭的鳥，名叫「共命」。這隻鳥的兩個頭「相依為命」。遇事向來兩個「頭」都會先討論一番，才會採取一致的行動，比如到哪裡去找食物，在哪兒築巢棲息等。

有一天，一個「頭」不知為何對另一個「頭」發生了很大誤會，造成誰也不理誰的仇視局面。其中有一個「頭」想盡辦法和好，希望能和從前一樣快樂和諧地相處。另一個「頭」則理也不理，根本沒有要和好的意思。

後來，這兩個「頭」為了該吃什麼樣的食物而爭執起來，那善良的「頭」建議多吃健康的食物，以增強體力；但另一個「頭」則堅持吃「毒草」，以便毒死對方才可消除心中怒氣！和談無法繼續，於是只有各吃各的。最後，那隻兩頭鳥終因吃了過多的有毒食物而死去了。

在工作過程中，與同事和諧相處、密切合作、優勢互補是一個卓越員工所應具備的必不可少的素質之一，越來越多的公司把是否具有團隊協作精神作為評價員工工作的重要標準。團隊合作不是一句空話，一個懂得合作、善於合作的員工，是推動工作前進的極好的潤滑劑。工作能力強，具有團隊合作精神的員工才是老闆欣賞的對象。組織的競爭力來源於組織成員之間的合作能力。在組織內部沒有「個人英雄」，只有集體英雄，懂得合作才能生存。

02 企業需要插上效益翅膀的老黃牛

老黃牛，終日吃草，埋頭苦幹，任勞任怨。但久而久之，牠習慣了低頭拉車，很少抬頭看路。

有一類員工，每天提早上班，晚下班，連星期六、日都不休息，弄得身心憔悴、愁眉苦臉。這些人常常陷入傳統思維定式中，自設陷阱，自設障礙，不懂得變通地、創造性地工作，就像老黃牛一樣「一根筋」地堅持到底，迷迷糊糊地轉不過彎來。

好似一群伐木工人，走進一片樹林，開始清除灌木。當他們好不容易清除完矮灌木，直起腰來準備享受一下完成了一項艱苦工作的樂趣時，卻猛然發現，他們需要清除的不是這片樹林，而是旁邊的那片。

老黃牛式的員工總是費力不討好，做工作不尋找好的方法，一味地蠻幹，最終荒廢了自己的聰明才智，使很多本可以辦成的事情沒有辦成，以致於老闆對他很不滿意。這種員工是很難在工作中有所突破的。

聯想集團有個很有名的理念：「不重過程重結果，不重苦勞重功勞。」這是寫在《聯想文化手冊》中的核心理念之一。在這個手冊中，還明確記錄著：這個理念，是聯想公司成立半年之後開始格外強調的。聯想為什麼會著重強調這一理念呢？原來這一理念的提出，源自聯想的創始人柳傳志早年剛剛創建聯想的一段經歷。

在一次電視節目中，聯想的創始人柳傳志沉重地告訴大家：聯想剛剛成立時，只有幾十萬元，卻由於過於輕信人，被人騙走了一大半。而且，騙他們的人不是一般人，是某個部門的幹部。這一來，使公司元氣大傷，甚至逼得員工要去賣蔬菜來挽回損失。

毫無疑問，剛剛創業的聯想，大家都有對事業拼命的幹勁和熱情，但是，光有幹勁和熱情，並不能保證財富的增加與事業的成功。不僅如此，商場如戰場，光有善良、熱情、好心等品質，但如果缺乏智慧和方法，就可能給企業造成巨大的損失！

當時就那麼一點點的資金，如果沒有用好，公司就有可能夭折、破產！這時，只是強調繁忙、勤奮、賣命、辛苦等，已經沒有太多的意義。

經過這次教訓，聯想後來做事不僅越來越冷靜、踏實，而且特別重視策略、方法。這些年來，已經變為了一家享譽海內外的高科技公司。它之所以有這樣大的發展，毫無疑問與這個核心理念密切相關。

以往我們經常聽到某些人講：「沒有功勞有苦勞。」苦勞固然使人感動，但是在市場經濟體制下，只有那些做出實際業績，能夠為企業創造實實在在的業績的人才能夠贏得公司的青睞，才能夠獲得更好的發展。

業績是衡量人才的唯一標準。一位曾在外企供職多年的人力資源總監頗有感觸地說：「所有企業的管理者和老闆，只認一樣東西，就是業績。老闆給我高薪，憑什麼呢？最根本的就要看我所做的事情，能在市場上產生多大的業績。」現在就是一個以業績論英雄的時代。

業績至上，方法至上。僅僅會埋頭苦幹、不問績效的「老黃牛」的時代已經過去了，企業更需要的是能插上效益翅膀的「老黃牛」。

在以往的時代，是強調「老黃牛」精神。沒錯，在任何時代，我們都需要任勞任怨、勤勤懇懇的「老黃牛」精神。但也必須看到，進入凡事講效益的現代，光像「老黃牛」那樣低頭做事是不夠的。著名的人力資源培訓師曾提出過一個「市場經濟下的新敬業精神」的理念。這一理念的核心，就是強調以效益為核心！讓「老黃牛」插上效率和效益的翅膀！沒有功勞，也有苦勞。這句話在老闆眼裡並不通用。老闆從來都不把員工的苦勞放在心上，他要的是員工的功勞。老黃牛固然令人信任，但如果是一頭能夠創造出絕佳經濟效益的老黃牛，則足以令人尊敬。

03

堅持自己想法的人值得尊重

法國有位叫約翰·法伯的科學家曾做過一個著名的實驗，人們稱之為「毛毛蟲實驗」。法伯把若干隻毛毛蟲放在一個花盆的邊緣上，使其首尾相接圍成一圈，在花盆不遠的地方，撒了一些毛毛蟲喜歡吃的松葉，毛毛蟲開始一隻跟一隻，繞著花盆，一圈又一圈地走。

一個小時過去了，一天過去了，毛毛蟲還在不停爬行，一連走了七天七夜，終因饑餓和筋疲力盡而死去。而這其中，只需任何一隻毛毛蟲稍微與眾不同地改變其行走路線，就會輕而易舉地吃到松葉。

在我們之中，失去自己的判斷力、經常盲從的「毛毛蟲」不乏其人。他們一直都是在按照別人的指令行事，步別人的後塵，就如同腦袋長在別人身上一樣，這種老是跟在別人屁股後面走的人，在經營中是成不了大氣的。這樣做下去，機遇永遠屬於別人，自己追求到的只會是些殘羹剩飯。

有一位雄心勃勃的商人，聽說外地招商引資，就「順應潮流」到該地投資了上千萬。兩年之後，他把所有的錢都虧掉了，最後空手而歸。

朋友問他：「你當初為什麼要到那裡去投資？」他說：「那時候，很多同行都爭先恐後地去了，大家都認為那裡的投資條件優越，大有發展前途。如果我不去的話，擔心會喪失了發展的機會。」

職場中有這樣的說法，同樣的一個創意、一條新路，走第一的是天才，走第二的是庸才，走第三的是蠢材，走第四的就要入棺材了。從中可見跟隨者的悲哀。

聰明的人都不喜歡與別人同食一碗飯，他們的高明之處就在於能夠把小機會變成大機會，把大機會變成更大的機會。他們不會盲目地跟著眾人行事，他們眼光獨到，另闢蹊徑，在別人還沒「睡醒」之前早已把賺來的錢塞進自己的口袋裡。

二十世紀九〇年代中期，牛根生是伊利的一名員工。那時，伊利推出了霜淇淋新品「苦咖啡」。有位地位顯赫的女士來伊利參觀。這位女士有糖尿病，按理說不能吃甜食，但嘗了「苦咖啡」後，連聲說好，又要了第二根。

當時，牛根生正在內蒙古工學院學電腦，周圍都是些愛吃雪糕的女孩，但問起「苦咖啡」，誰都不知道。

在把這兩件事聯繫在一起後，牛根生不禁想：連糖尿病人都控制不住連吃兩根「苦咖啡」，我們卻把它「藏在深閨人不知」，這怎麼行呢？

按慣例，冬季是霜淇淋業的淡季，但牛根生卻把工人召集起來：我們今年冬天做一次行銷——讓人們在大冬天裡吃雪糕！這就是企業要勇於創新，想前人不敢想、做前人不敢做的事。

經商定，伊利首先在呼和浩特與包頭兩個市做試點。當時的廣告創意是：一個天真可愛的小男孩，手持「苦咖啡」，初咬一口，眉關緊鎖——苦！越吃越香，露出燦爛的笑容——甜！話外音：「苦苦的追求，甜甜的享受！」一句廣告語，賦予了「苦咖啡」無限的聯想，後來還成為公司的經營理念之一。

在當時，牛根生採取了從未有過的傳播策略：只要有廣告時段，就加入「苦咖啡」廣告，以達到「無孔不入，無人不知」的目的。這種「高密度、全覆蓋廣告法」贏得了立竿見影的傳播效果。

一九九六年十二月，呼和浩特和包頭兩市滿大街都是「苦咖啡」，「淡季」變成了「旺季」。事實證明，牛根生是對的。「高密度、全覆蓋」的傳播策略，讓「苦咖啡風暴」跳出了區域市場，旋風「刮」向了全國。

一九九七年那一年，「苦咖啡」單品銷量創紀錄地突破三億元！牛根生的夢想終於實現了：伊利雪糕借助「苦咖啡風暴」迅速風靡全國，銷售額由一九八七年的十五萬元增長為一九九七年的七億元，被譽為「中國霜淇淋大王」。

牛根生做了一次突破性的舉動，讓人們在冬天裡吃雪糕。伊利推出的輪番廣告攻勢，使呼和浩特和包頭的冬天充滿了「苦咖啡」的味道。在霜淇淋業的淡季推出新的產品，在對手放假休息時率先搶佔市場。當夏季到來，霜淇淋業的旺季再一次來臨時，「苦苦的追求，甜甜的享受」已深入人心。牛根生的這種創新手法，不可不稱為一種成功的市場策略。

做市場，是要講求手段與策略的。如果一味跟隨別人的步伐，而沒有絲毫的創新，市場只會越做越小，越做越死。有時，一點小小的創意，一個小小的變化，便可以改變產品的市場格局。

賣冰淇淋在冬天開業，這是一個一般人所不敢有的想法，牛根生卻使它成為現實，並創造了三億元的效益神話，顯而易見，牛根生之所以取得如此驚人的成績，正是由於他想別人沒想的東西，走別人沒走的路。

法國傑出的批判現實主義作家司湯達曾說：一個具有天才稟賦的人，絕不遵循常人的思維途徑。讓腦袋長在自己的脖子上，就是要求你按照自己的想法走自己的路。

04

擁有非凡的創造力才能不朽

鸚鵡一度被認為是智商頗高的一種鳥，因為牠可以「說話」。久而久之，人們發現，鸚鵡其實只會一味地模仿別人說話，並不會創造。

企業中就存在一批鸚鵡式的員工，他們老是喜歡依照他人的足跡行走，沿著他人的思路思考。他們認為，「模仿」可讓自己省心省力，是走向成功、創造卓越人生的一條捷徑。豈不知，「模仿乃是死，創造才是生」。

對於任何人來說，模仿都是愚笨的事，它是創造的勁敵。它會使你的心靈枯竭，沒有動力；它會阻礙你取得成功，干擾你進一步的發展，拉長你與成功的距離。

專事效仿他人的人，不論他所模仿的人多麼偉大，也不會成功；沒有一個人，能依靠模仿他人，去成就偉大的事業。所以，要想成功就不能抄襲、不能模仿。一個人愈去模仿他人，愈會失敗。

有一位商人，帶著兩袋大蒜，騎著駱駝，一路跋涉到了遙遠的阿拉伯。那裡的人們從沒見過大蒜，更想不到世界上還有味道這麼好的東西，因此，他們用最熱情的方式款待了這位商人，臨別贈與他兩袋金子作為酬謝。

另有一位商人聽說了這件事後，不禁為之動心。他想：大蔥的味道不也很好嗎？於是他帶著蔥來到了那個地方。那裡的人們同樣沒有見過大蔥，甚至覺得大蔥的味道比大蒜的味道還要好！他們更加盛情地款待了商人，並且一致認為，用金子遠不能表達他們對這位遠道而來的客人的感激之情，經過再三商討，他們決定贈與這位朋友兩袋大蒜！

步人後塵者，便如東施效顰，只能收穫兩袋大蒜，模仿是妄想成功的懶人最容易想到的捷徑。整日裝在別人套子裡的人，永遠不會披上為自己量身定做的彩衣。模仿別人而不能創新，那只能成為別人的影子。

走別人沒走過的路，意味著你必須面對別人不曾面對的艱難險阻，吃別人沒吃過的苦，但也唯有如此，你才能夠發現別人不曾發現的東西，達到別人無法企及的高度。

在工作中，如果你的腦袋裡裝的都是前人的經驗，一味重複，毫無創意。那麼你只會在陳舊的事物上盤旋，不能為企業的發展提供新的點子、新的創意，更無法用自己的聰明才智為企業開拓更廣闊的市場，最後只能淪為被企業換掉的那個人。

借鑑前人的經驗，這是聰明人的做法。但僅僅是借鑑還不夠，能夠在借鑑的基礎上創造出自己的東西，敢於走前人沒有走過的路的拓荒者，才是不朽的。

05 業績是自己身價最好的說明書

般特是佛祖釋迦牟尼的一個徒弟，他生性愚鈍，佛祖讓五百羅漢天天輪流教他，可是般特仍然不開竅。

一天，佛祖把他叫到面前，逐字逐句地教他一首偈：「守口攝意身莫犯，如是行者得度世。」

佛祖接著說：「你不要認為這首偈稀疏平常，你只要認真地學會這一首偈，就已經是不容易了！」於是，般特翻來覆去地學這一首偈，終於領悟了其中的意思。

不久，佛祖派他去對附近的女尼講經說法。那些女尼早就聽說這個愚笨的人了，所以心中都不服氣，她們想：「這樣的愚笨之人也會講經說法？」雖然心裡是這樣想，但是她們表面上仍然用應有的禮遇對他。

在講經說法之前，般特慚愧而謙虛地對眾女尼說道：「我生來愚鈍，在佛祖身邊只學得一偈，現在給大家講述，希望靜聽。」接著便念偈：「守口攝意身莫犯，如是行者得度世。」

話音剛落，眾女尼便哄笑：「居然只會一首啟蒙偈，我們早就倒背如流了，還用你來講解？」可是，般特卻不動聲色，從容講下去，說得頭頭是道，新意迭出。一首普通的偈，說出了無限深邃的佛理。

眾女尼聽得如癡如醉，不禁感歎道：「一首啟蒙偈，居然可以理解到這種程度，實在是高人一等啊！」於是對他肅然起敬，再也不取笑他了。

用自己的業績來證明自己的價值，有能力的人自然會贏得尊重。不論表面現象如何只要有真正的價值就能在職場上安身立命。

一九二八年，喬・吉拉德出生於美國密西根州底特律市東郊的一個貧民窟，他居住的地方離他少年時期的偶像喬・路易斯家只有一英里，當喬・路易斯成為世界拳王時，喬・吉拉德只是一名掙扎在貧困沼澤裡的窮苦少年。

一九七七年，當喬・吉拉德離職退休時，他成為了世界上最偉大的推銷員，他平均每天銷售六輛轎車，保持了連續十二年的全球汽車銷售的最高記錄。他的這項紀錄被載入了金氏世界紀錄。

傳記作家湯普生為喬・吉拉德寫傳時發現了一些祕密。湯普生在喬・吉拉德屋子的牆上發現了許多人的照片。喬・吉拉德解釋說，這些人都是銷售業績驚人的員工，他初入這個行業時，還非常年輕，沒有經驗，那些員工們的業績讓他望塵莫及。每天早上面對這些員工的照片，他都會在心裡默念一段誓言：一定要超越他們。

這種習慣支撐著喬・吉拉德走過了他剛剛踏入推銷的最初幾年。

剛開始進入推銷業，因為沒有經驗，總是頻頻失敗，身邊的朋友也是日漸稀少起來。這個時候，喬・吉拉德卻對自己說：「沒關係！笑到最後才是勝者。」目標在他心裡就像一座高山，他堅信自己一定會超越它。他牢牢地堅守自己的目標，穩紮穩打，一步一腳印。在三年後，他成為了美國汽車推銷的翹楚。

老闆希望自己的員工能創造出偉大的業績，而絕不希望看到員工工作賣力卻成效甚微。即使你費盡了全部的氣力，卻做不出一點實績，那也是沒有用的。老闆需要能創造出優秀業績的員工。在公司最需要人才的時候。如果有一個穩健果斷、效率很高的員工出現，使本公司的工作業績能得到提高。那麼老闆才能放心地任用這樣的員工去完成其他艱巨的任務，才有可能重用並提拔他。

紐約首屆一指的毛織物批發商達勒・柯姆，有一年雇用了一名雜役，一位叫喬瑟夫的少年，每天早晨六點鐘要到佛蘭克林街的辦公室，在七點半辦事員來之前，把辦公室打掃整理好。除此之外，白天一整天，他都要為一名罹患慢性胃病的董事，來回不斷地送熱水。

當週薪被調整到美金五元的時候，他斷然地申請到外面去推銷毛織物，儘管他年輕而且身體又弱小，但他還是決定為自己爭取一次嘗試的機會。

有一天，大風雪吹襲全紐約，就在這場大災難剛過不久，一般推銷員在中午間，紛紛趕回佛蘭克林街的辦公室，無不爭先恐後靠到火爐旁，盡興地聊著天。到了下午時，已經凍僵了的他，像醉漢似的搖晃著一身寒冷走進了辦公室。

「原來是董事先生上班了。」資深的推銷員諷刺地說。

「不過，我把今天應做的工作全做了。」他回答說，「像這樣的大風雪，我更加勤奮，而且這樣的日子，不會有競爭的對手，所以給客人們看了更多的樣本，今天獲得了四十三件訂貨。」於是，他立即被升為正式的推銷員，薪水也增加許多。喬瑟夫用自己的業績獲得了老闆的重用，實現了自己的理想。

下面還是一個關於推銷員的故事：

戴約瑟十四歲的時候，在一個公司打雜，他一直夢想成為一個傑出的推銷員。有一天下午，從芝加哥來了一個大客戶。當時是七月三號，他說他七月五號便會動身前往歐洲，在動身之前他想訂一些貨。

這要等到第二天才能辦好，但第二天七月四日正好是國慶日，是全國放假的日子，不過店主答應那天派一個店員來處理。普通訂貨的手續是，客戶先把各種貨物的樣品看一遍，選定他所想要的貨，然後推銷員把他訂的貨拿來再認真的檢查一遍。但是，這次被指派去做這項工作的那個年輕店員不願意犧牲他的假日來取貨，他為難地說，他的父親是非常愛國的，絕不肯要他的兒子把國慶日這樣浪費掉。這當然是一種推拖之詞，其實他真正的原因是想去看球賽。於是，戴約瑟對那個店員說，他願意代替他做，結果沒過多久他就成為公司正式的推銷員。在他十七歲的時候，便成為一個十分成功的推銷員了。

老闆選擇員工，其中員工的能力，員工創造的業績是老闆最關心的，有能力，業績突出的員工才會受到賞識。說不如做，做不如做出成績。與老闆最好的溝通方式不是說，而是業績。老闆的眼睛都是雪亮的，如果你能用業績證明出自己的價值和能力，他就會毫不猶豫重用你。

06 不說比說錯更讓人感到可惡

好的溝通技巧及說服力，可以讓你左右逢源，為你建立良好的人際關係，讓你獲得更多的機率與資源，增強你的影響力。

溝通分語言溝通和非語言溝通，語言溝通又包括口頭溝通和書面溝通。如何實現人與人、部門與部門、上與下之間在資訊（如政策、法規、經濟、社會、技術等）、情感、經驗等方面的傳遞與交流，是人際交往中永恆的思考主題。

有效的溝通會產生積極的作用。在資訊溝通方面，只有以真實、快捷為基礎，才能有效實現資訊交流。在情感溝通方面，只有以真摯、理解為基礎，才能實現心與心的碰撞、交流，形成相互理解、相互信任的良好人際關係氛圍。

在經驗溝通方面。只有以真誠、無私為基礎，透過彼此之間的經驗交流、教訓總結，才能切實實現彼此取長補短、共同進步。

玉琳是一家公司的人事主管，她非常善於溝通，在公司很有人緣。有段時間她發現銷售部整體士氣不足，便積極與銷售部門主管進行溝通。她第一次跟銷售部經理進行面談時，對方卻告訴她想要離開這家公司。她當時有些氣憤，覺得這位主管非常過分，公司為他投資很多，待他一向不薄，還多次為他們幾個部門主管請來培訓師提高他們的業務素質，而且公司高層對於銷售部門一向非常重視，並沒有什麼對不起他的地方，但現在他就這麼一句簡單的說要走，完全罔顧公司利益。

她抑制住自己心中的不滿，因為發脾氣於事無補，最重要的是瞭解這位經理心裡到底是怎麼想的。她努力做到平靜，像朋友一樣與他溝通，幫他看清眼前的兩個問題：走的目的是什麼？留下來又可以創造什麼？

她和他閒話家常，最初這個銷售部經理對她還有所保留，他對玉琳說：「妳只需要跟我談工作方面的問題，不要干預我的個人和家庭。」

但到後來，他自己變得很主動地講自己的家庭問題。慢慢的，透過溝通，他對自己目前的工作和生活有了一個更深層次的認識，他意識到自己對公司、對家庭、對個人都應當負起責任來，而不是因為一點點不順心，就把情緒帶到工作中，至於「要走」不過是一時衝動，公司的前景非常遠大，在這樣的公司才能取得個人的充分發展。他為自己的不理智道歉，對玉琳表示了最真誠的謝意。然後立即積極主動地投入工作中，帶領整個部門努力拼搏，業績在短短三個月內增加了二十％。

透過溝通，玉琳瞭解到了真正的問題所在，得到了對方的信任。溝通讓雙方之間的分歧迎刃而解，讓可能發生的爭執和矛盾消滅於無形。

由於人類本性是關注個人利益，所以我們可以想像有效溝通最簡單的一個話題就是人們自己。在人際交往中，多和別人談關於他們的事情，比如他們的家人、他們的工作、他們的消遣以及他們所關心的事情，他們馬上就會尊重你。

你對他們發自內心的興趣是對他們的欣賞。那會提升人的自尊心，反過來會使他們尊重你。而尊重正是所有有效人際關係技巧的基礎。如果你專注於人們的長處，他們就會更強。如果你為他們的長處鼓掌，就會增加他們的信心，這樣也可以幫助他們克服自己的弱點。如果你以積極的態度看待人們，你的真誠就會經由你的眼睛、微笑和語調表現出來。你的笑容能照亮所有看到它的人。

一個人的溝通能力是社會能力中最重要的能力。如果無法和其他人達成穩定的相互關愛關係，那麼他就失掉了最基本的生存能力。所以溝通對我們大家來說太重要了。但是真正的溝通能力是培養和實踐出來的，需要每時每刻注意。

要作有效溝通，意思必須確定，首先想好要說什麼；表達事情時必須前後有聯繫，用具體準確的語言表達；內容與形式統一，也就是語言、聲音、表情、動作、綜合感情一致；前後邏輯一致，不能使自己支持的觀點前後矛盾。目的單一，有效的溝通只有目的單一才能準確表達，附加上其他目的，就會沖淡語言的意思。

你應當坦白地講出來你內心的感受、感情、痛苦、想法和期望，但絕對不是批評、責備、抱怨、攻擊。無根據地批評、責備、抱怨、攻擊這些都是溝通的劊子手，只會使事情惡化。更不能惡言傷人。如果說了不該說的話，往往要花費極大的代價來彌補，所謂禍從口出，甚至還可能造成無可彌補的終生遺憾。

你應當理清自己的情緒，情緒中的溝通常常無好話，既理不清，也講不明；尤其在情緒中，很容易因衝動而失去理性；憤怒、不滿等等情緒的支配下往往會做出情緒性、衝動性的「決定」，這很容易讓事情不可挽回，令人後悔。

你應當及時反省，在溝通中我說錯了話嗎？有沒有不合適的地方，會不會造成別人對我的誤解，其實我不是這個意思……承認「我錯了」是溝通的消毒劑，可解凍、改善與轉化溝通的問題；一句「我錯了」可以化解打不開的死結，讓人豁然開朗，放下武器，重新面對自己，開始重新思考人生。而「對不起」則是一種軟化劑，使事情終有轉圜的餘地。

有人認為說錯話是職場大忌，其實只要不是原則性大錯，說錯話並不一定會引起老闆反感。老闆最反感的是什麼都不說的人。什麼都不說，溝通也就成了斷流。老闆發出的資訊無法得到及時、有效的回應。這樣的人，必然是最不受老闆歡迎的人。

07

在工作中成長的人必會成功

每一份工作都包含著很多個人成長的機遇。那些在職場中表現驚人的人，不會把薪酬的多少作為衡量的標準，相反的，他們總是不計回報地去做那些有益於他們個人發展的事情。

亞華是一家大型建築工程公司的執行副總，幾年前他是作為一名送水工被公司一支建築隊招聘進來的。亞華並不像其他的送水工那樣把水桶搬進來之後就一面抱怨工資太少一面躲在牆角抽菸，他給每一個工人的水壺倒滿水，並在工人休息時纏著他們給他講解關於建築的各項工作。很快的，這個勤奮好學的人引起了建築隊長的注意。

兩週後，亞華當上了計時人員。當上計時員的亞華依然勤懇工作，他都是早上第一個來，晚上最後一個離開。由於他對所有的建築工作都非常熟悉，當建築隊的負責人不在時，工人們都喜歡問他。

現在他已經成了公司的副總，但他依然特別專注於工作，從不說閒話，也從不參與到任何紛爭中。他鼓勵大家學習和運用新知識，還常常擬計劃、畫草圖，向大家提出各種好的建議。只要給他時間，他可以把客戶希望他做的所有的事做好。

亞華沒有什麼驚世駭俗的才華，他原來只是一個窮苦的孩子，一個普普通通的送水工，但是憑著勤奮工作的美德，他幸運地被賞識，並一步一步地成長。沒有什麼比這樣的故事更讓人心靈震顫的了，也沒有什麼比它更能洗滌我們被享樂和功利污染的心靈的了。

它告訴我們，要想在這個時代脫穎而出，你就必須把工作當成一個提升自身能力的機會，和工作一起成長，否則你只能由平凡轉為平庸，最後變成一個毫無價值和沒有出路的人。

易卜生說：「青年時種下什麼，老年時就收穫什麼。」由此我們想到的是，你在公司的土壤中種下什麼，公司就會回報給你什麼。如果你願意承擔成長的責任，那麼你就會獲得成長的權利；如果你把自己的每一份工作都看成一個提升自我能力的機會，那麼你自然就能在工作中取得你想要的機會。如果你以積極的熱情和全心全意的努力對待公司中的種種事務，那麼你的事業、你的個人能力就會在工作中取得較大的進步。

要實現和工作一起成長，我們首先應該做到的是把從事的每份工作都當成是一個學習的機會，從本質上看，你今天所做的每份工作幾乎都在不停地運動和變化著，因此，你不得不把現在正在從事的工作看成是自己學習鍛鍊的一次經歷，不管你是否把它當成夢想的工作，都必須喜歡學習新的任務和工作流程；而且時刻還要對上司強調，你是多麼熱衷於學習新的知識和技術，而且你學得很快。

除了要不斷學習外，要實現個人與工作一起成長，還需要做到以下幾點：

一、做好個人規劃

要實現個人與職業的成長，你需要做好個人職業規劃，明確定位自己的職業角色，以市場需求為導向，對職業發展進行合理定位。在職業定位時，首先要樹立職業行銷的概念。對於自己未來的計劃，既要從自己的專業、興趣、愛好出發，也要注意市場的需求。根據社會需求和自身能力，然後再結合意願為自己的將來做一個設計。

二、主動完成工作目標

主動是一個人出色工作的主要條件。所以，在發展中，我們應多多考慮自己的工作計劃和工作目標，不要只是一味等待上級的任務與命令，一旦完成任務便認為萬事大吉，可以鬆一口氣。這種被動的任務驅動的思想如果在頭腦中根深柢固，就會使我們懶得思考，更懶得行動，將公司的戰略計劃等同於日常繁瑣的工作，以至失去目標，認為自己無所適從。主動完成工作目標，並且確立未來一段時間自己需要達成的工作專案，將工作專案分解到日常行為中，密切與公司之間的聯繫。

三、多技傍身

現在是一個複合的社會，需要複合型人才。因此，我們應該透過努力使自己成為一個複合型人才，這不僅需要一定的專業深度，同時還需求通用化和靈活多變的各種技能。

從個人的角度講，我們自己不能單純沉湎於過去狹隘的專業領域，而要廣泛涉獵，繼續接受教育，鞏固自己的基礎，增強適應性。

當然，在提高自己的同時，要注意認清自己的實際情況，要瞭解自己的優缺點，知道自己與眾不同的地方在哪裡，建立起自己的專業能力。不要害怕自己不是「通才」、不是「凡事皆通」的人，像電腦那樣又會設計、又會裝配、又會行銷、還會寫軟體的天才畢竟是少數。

從另一種角度來說，認清自己不是天才，是一件好事，因為接下來你就可以認真地培養自己的第一專長、第二專長、甚至第三專長，使自己的附加價值達到最高。

四、向明天學習

我們一生中只有三天時間：昨天、今天和明天。如果過去你習慣於根據今天的情況決定明天做什麼，現在你必須首先判斷明天將要發生的變化，並由此決定今天要做什麼。從這個角度講，你必須學會質疑自己長久以來的假設，學會在不確定的情況下瞭解自己，學會更好地協同學習。

如果你將工作視為學習的途徑，和工作一切成長，那麼，你就會在工作中發現很多個人成長的機遇。譬如，發展自己的能力，增加自己的社會經驗，提升個人的人格魅力……一個人如果只為薪水而工作，那他永遠都無法取得事業上的成功。只有在工作中不斷培養自己的能力，你才可能成功。

08 老闆會對有勇氣的人產生好感

機遇來自於工作中的每一次努力和挑戰。面對工作中的每一份任務，無論難易，我們都要積極勇敢地接受。

西點軍人勇於向「高難度任務」挑戰的精神，是他們在事業中獲得成功的基礎。在公司中，很多員工雖然頗有才學，具備種種獲得上司賞識的能力，但是卻有個致命弱點——缺乏挑戰的勇氣，只願做職場中謹小慎微的「安全專家」。對不時出現的那些異常困難的工作，不敢主動發起「進攻」，一躲再躲，恨不得能避到天涯海角。他們認為：要想保住工作，就要保持熟悉的一切，對於那些頗有難度的事情，還是躲遠一些好，否則，有可能被撞得頭破血流。結果，終其一生，也只能從事一些平庸的工作。

勇於向困難挑戰的精神，是一個人在職場中獲得成功的基礎。當你萬分羨慕那些有著傑出表現的同事，羨慕他們深得老闆器重並委以重任的時候，你一定要明白，他們的成功決不是偶然的。

在一家名叫天威的天線公司。總裁來到行銷部，要大家針對天線的行銷工作各抒己見，暢所欲言。

行銷部的趙經理歎息說：「人家的天線三天兩頭在電視上打廣告，我們公司的產品毫無知名度……」部裡的其他人也隨聲附和。

總裁臉色陰霾，掃視了大夥一圈後，把目光駐留在進公司不久的一位年輕人身上。總裁走到他面前，要他說說對公司行銷工作的看法。

年輕人直言不諱地對公司的行銷工作存在的弊端提出了個人意見。總裁認真地聽著，不時囑咐祕書把要點記下來。

年輕人告訴總裁，他的家鄉有十幾家各類天線生產企業，惟有某天線在全國知名度最高，品牌最響，其餘的都是幾十人或上百人的小規模天線生產企業，但無一例外都有自己的品牌，有兩家小公司甚至把大幅廣告做到知名集團的對面牆壁上，敢與知名品牌競爭。

總裁靜靜地聽著，揮揮手示意年輕人繼續講下去。年輕人接著說：「我們公司的老牌天線今不如昔，原因頗多，但歸結起來或許就是我們的售銷定位和市場策略不對。」

這時候，行銷部經理對年輕人的這些似乎暗示了他們工作無能的話表示了慍色，並不時向年輕人投來警告的一瞥，最後不無諷刺地說：「你這是書生意氣，只會紙上談兵，盡講些空道理。現在全國都在普及有線電視，天線的滯銷是大環境造成的。你以為你真能把冰推銷給愛斯基摩人？」經理的話使行銷部所有人的目光都射向年輕人，有的還互相竊竊私語。

經理不等年輕人「還擊」，便不由分說地將了他一軍：「公司在甘肅那邊還有五千套庫存，你有本事推銷出去，我的位置就讓你坐。」

年輕人提高嗓門朗聲說道：「現在全國都在做西部開發建設，我就不信質優價廉的產品連人家小天線廠也不如，偌大的甘肅難道連區區五千套天線也推銷不出去？」

幾天後，年輕人風塵僕僕地趕到了甘肅省蘭州市某百貨大廈。大廈老總一見面就向他大吐苦水，說他們廠的天線知名度太低，一年多來僅僅賣掉了百來套，還有四千多套在各家分店積壓著，並建議年輕人去其他商場推銷看看。

接下來，年輕人跑遍市內幾個規模較大的商場，但幾天下來毫無建樹。正當沮喪之際，某報上一則讀者來信引起了年輕人的關注，信上說那裡的一個農場由於地理位置關係，買的電視沒辦法收訊。

看到這則消息，年輕人如獲至寶，當即帶上十來套樣品天線，幾經周折才打聽到那個離市區有一百多公里的農場。信是農場場長寫的，他告訴年輕人，這裡夏季雷電多，以前常有電視被雷電擊毀，不少天線生產廠家也派人來查，知道問題都出在天線上，可是查來查去沒有眉目，使得這裡的幾百戶人家再也不敢安裝天線了，所以幾年來這裡的黑白電視只能看見哈哈鏡般的人影，而彩色電視機則是形同虛設。

年輕人拆了幾套被雷擊的天線，發現自己公司的天線與他們的毫無二致，也就是說，他們公司的天線若安裝上去，也免不了重蹈覆轍。

年輕人絞盡腦汁，把在電子學院幾年所學的知識在腦海裡重溫了數遍，加上所攜儀器的配合，終於使真相大白，原因是天線放大器的積體電路板上少裝了一個電感應元件。

這種元件一般在任何型號的天線上都是不需要的，它本身對信號放大起不了任何作用，所以廠家在設計時根本就不會考慮雷電多發地區，沒有這個元件就等於使天線成了一個引雷裝置，它可直接將雷電引向電視機，導致線毀機亡。

找到了問題的癥結，一切都變得迎刃而解了。不久，年輕人將從商廈拉回的天線放大器上全部加裝了感應元件，並將此天線先送給場長試用了半個多月。期間曾經雷電交加，但場長的電視機安然無恙。此後，僅這個農場就訂了五百多套天線。同時熱心的場長還把年輕人的天線推薦給存在同樣問題的附近五個農林場，又給他銷出兩千多套天線。

一石激起千層浪，短短半個月，一些商場的老總主動向年輕人要貨，連一些偏遠縣市的商場採購員也聞風而來，原先庫存的五千多套天線當即賣出。

一個月後，年輕人筋疲力盡地返回公司。而這時公司如同迎接凱旋的英雄一樣夾道歡迎。行銷部經理也已經主動辭職，公司正式下令任命年輕人為新的行銷部經理。

一位老闆在描述自己心目中的理想員工時說：「我們急需的人才，是有奮鬥進取精神，勇於向高難度任務挑戰的員工。」那種接到任務就述說困難的人，是不會得到老闆歡心的。「老闆，這太難了」；「老闆，這是不可能的」；「老闆，我們不該去浪費資源做這種不可能的事情」……這些話一出口，立即會讓老闆對你感到失望。聰明的做法是，不管你感到任務多麼困難，你都要堅定地對老闆說：「老闆，請放心，我會盡一切努力把它做好！」

要做一個勇於向任務挑戰的人，需要記住下面十句話：

一、不要等一切問題都解決了才開始行動。

二、不要忽視一%的可能性，一%的可能性常常會帶來一〇〇%的功勳。

三、不要因為別人說不可能，就動搖自己的信心，相信你的判斷，而不要相信局外人的看法。

四、不要因為可能冒險而放棄偉大的創意。
五、不要因為問題太多而投反對票，方法總比問題多。
六、不要因為你從來沒有從事過，就對將要從事的事情感到害怕。
七、不要以為一條路走到盡頭就沒有路了。只要你跨出腳步，就可以再踩出一條路來。
八、沒有一開始就盡善盡美的計劃，只有在行動中不斷完善的計劃。
九、任何一項成就，都不是在萬事俱備的條件下做成的。
十、要使用好你已經擁有的資源，要創造出你還沒有的資源。

09 資源整合是老闆們最看重的能力

不要只盯著手中的資源，要學會從各個方面整合資源。只有懂得借力，才能成就大事。一個人的力量是很難應付生活中無邊苦難的。所以，自己需要別人說明，也要幫助別人。

俗話說：「一個籬笆三個樁，一個好漢三個幫。」還有句古話說得好：「三個臭皮匠，勝過一個諸葛亮。」個體不同，就各有各的優勢和長處，所以一定要善於發現別人的優勢和長處，取之所長，補己之短。

一個人無法單憑自己的力量完成所有的任務，戰勝所有的困難，解決所有的問題。須知借人之力也可成事。善於借助他人的力量，既是一種技巧，又是

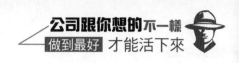

一種智慧。

《聖經》中有這樣一則故事：

當摩西率領以色列子孫們前往上帝那裡要求贈予他們領地時，他的岳父傑羅塞發現，摩西的工作實在超過他所能負荷的，如果他一直這樣的話，不僅僅是他自己，大家都會有苦頭吃。於是傑羅塞就想辦法幫助摩西解決問題。

他告訴摩西，將這群人分成幾組，每組一千人，然後再將每組分成十個小組，每組一百人，再將一百人分成兩組，每組五十人。最後，再將五十人分成五組，每組十個人。然後傑羅塞告誡摩西，要他讓每一組選出一位首領，而且這個首領必須負責解決本組成員所遇到的任何問題。摩西接受了建議，並吩咐負責一千人的首領，只有他才能將那些無法解決的問題告訴自己。

自從摩西聽從了傑羅賽的建議後，他就有足夠的時間來處理那些真正重要的問題，而這些問題大多數只有他自己才能夠解決。簡單一點說，傑羅塞交給摩西的，其實就是要善於利用別人的智慧，善於調動集體的智慧，用別人的力量幫助自己克服難題。

很多事情就是這樣的，當我們無力去完成一件事時，不妨向身邊可以信任的人求助，也許對我們來說費力不討好的事情，對他們來說卻可能不費吹灰之力就能輕鬆「搞定」。與其自己苦苦追尋而不得，不如將視線一轉，呼喚那些有能力解決問題的人。所謂孤掌難鳴，獨木不成橋，在這個世界上沒有完美的人，你不完美，他不完美，但如果你們可以完美地結合在一起，就能取得意想不到的成果。

我們時常看到有些沒有血緣關係的人，結成親兄弟般的友誼，互相幫助、互相提攜，也可稱之為「利用」的一種關係。利用不是一個醜惡的東西，而是各取所需導致。一個人，無論在工作、事業、愛情和消閒哪方面，都離不開這種人與人之間的相互利用。因為各人的能力有限，以及人際關係有所不同，而必須相互利用。借他人之力，正是一個人高明的地方。

就社會和自然狀況來看，孤單的，鬥不贏拉幫結派的。一個人在社會中，如果沒有他人的幫助，他的境況會十分糟糕。普通人如此，一個成就大事業的人更是如此。如果失去了他人的幫助進而不能利用他人之力，任何事業都無從談起。

借人之力，利用他人為自己服務，以讓自己能夠高居人上，這是一個人很難能可貴的地方。尤其對自己所欠缺的東西，更要多方巧借。善於借助別人的力量，善於利用別人的智慧，廣泛地接受多家的意見，多和不同的人聊聊自己的構想，多傾聽別人的想法，多用點腦子來觀察周遭的事物，多靜下心來思考周遭發生的一些現象，將讓你受益匪淺。

所以，不要忽視你所遇到的任何人，因為，在人生的道路上，你不知道前面有什麼等著你，你也不知道在向你伸出的手中有哪一雙有足夠的力量足以撐持你。

10 三心二意會使你失去老闆的信任

專注於工作，是一種彌足珍貴的能力。你若三心二意，老闆必定認為你不是可用之人。只有心無旁騖，對工作一絲不苟，全身心投入，你才能贏得老闆的信任。

一九四五年七月的一個星期一的早晨，世界第一枚原子彈在美國新墨西哥沙漠爆炸。四十秒後，強烈、持久、令人可怕的爆炸聲傳到了基地營，第一個有所反應的是一九三八年諾貝爾物理獎獲得者恩里科・費米。他先是把預先準備好的碎紙片舉到頭頂撒下，碎紙紛紛飄到他身後約兩米處。經過一番測算，費米宣稱這顆原子彈的威力相當於一萬噸黃色炸藥。數星期後，精密儀器對震波的速度、壓力進行分析，果然證實了費米的準確判斷。

然而，事後費米夫人問他爆炸時的情景，費米竟說他曾看到閃光，但並沒有聽到聲響。「沒聽到聲響，這怎麼可能呢？」他的夫人驚愕了。

費米解釋道：「我當時只注意撒小紙片了……」

當原子彈爆炸時，費米把全部注意力都集中在撒碎紙片上，竟然連眼前「威力相當於幾千萬顆巨型炸彈爆發出的、令人可怕的爆炸聲」都沒聽到，這是一種多麼罕見、多麼令人難以置信的專注力啊！

專注的力量是驚人的，集中精神在忘我的境界裡專注工作，做起事來不僅輕鬆、有效率，而且也更能把事情做好。

美國心理學家蓋里・斯莫爾博士相信，導致人們工作結果差異的往往是這些人在工作時的注意力集中狀態，而不是簡單的智力因素。這就如一位ＩＢＭ的官員說的一樣：只有偏執狂才能夠成功。其實大家都明白他所說的偏執狂就是指專注的精神，及永遠堅定地信任自己的判斷和正在做的事情。

我們很多時候做事情都有這樣的感覺：打字的時候在想著週末的約會；約

會的時候想著我們還沒有完成的文章。結果是字也沒有打好，品質不高，約會的氣氛也被我們破壞。是什麼原因導致這樣的結果呢？答案很簡單：我們不能集中精力做一件事，所以拖延了。

在進行工作時，應該專注於當前正在處理的事情。如果注意力分散，頭腦不是在考慮當前的事情，而是想著其他事情的話，工作效率就會大打折扣。即使事情再多，也要一件一件進行，做完一件事情就了結一件事情。全神貫注於正在做的事情，集中精力處理完畢後，再把注意力轉向其他事情，著手進行下一項工作。

欽斯里說得好：「我專心致志於一件事情的時候，好像世界上只有這一件事。」當集中精神，專注於眼前的工作時，你就會發現你將獲益匪淺——你的工作壓力會減輕，做事不再毛毛躁躁、風風火火。由於對工作的專注，還能激發你更熱愛公司，更熱愛自己的工作，並從工作中體會到更多的樂趣。

專注的力量是非常強大的，任何人，無論做任何一件事情，只要能夠做到專注，就可以最大限度地釋放出自己的能量，並把自己取得成功的可能性提高到最大。這個就好比你正用力地踹一個門，如果你把你全身的力量都集中在一隻腳上，並且只朝門上的一點打擊，那麼你很快就會有進展；相反的話，你可能已經很出力了，並且花的時間也不少了，但是就是沒有什麼你所期待的結果出現。因此想把一件事情做好，就必須全神貫注，不要在做這個事情的時候心裡還有其他的惦記。

從心理學的角度來說，專注之所以能夠產生力量，主要是因為它首先是符合人的思維習慣和心理特點的。著名的思維研究專家，著名暢銷書作家德・波諾曾經在自己的《六頂思考帽》當中談到過一個有趣的實驗：他請實驗者在大街上觀察一分鐘內經過某一個路口的車輛，並要求記錄下這一分鐘內過往車輛當中黃色汽車的數量，等到實驗者觀察完畢並把答案遞交上來之後，他又讓實驗者回憶一下剛才經過路口的黑色汽車的數量，結果沒有一位實驗者能夠答的上來。

這個實驗要說明：在大多數情況下，我們的注意力只能集中在一件事情上面，如果有人希望能同時做幾件事情或思考它們的話，那麼答案是會讓他們感到失望的。心理學家們發現，如果一個人能夠在工作過程當中保持精力高度集中，他的心理能量就能夠更加集中地投入到正在進行的思維活動當中，進而使思維在特定的問題上處於最佳啟動狀態，最終使人腦能夠高效地進行資訊加工和問題解決。

做事專注，是一個員工工作的良好品格。一個人不能專注自己的工作，是很難把工作做好的。在當今時代，沒有哪家企業、哪個老闆會喜歡做事三心二意、三天打魚兩天曬網的員工。從這種意義上說，工作專心致志的人，就是能把握成功機遇的人。只有一心一意做事，才能受到老闆的器重與提拔。

11 卓越的人總能找到解決問題的關鍵

人類社會生活中有各式各樣的現象和問題，有些是複雜的，但有些卻未必，可是由於許多人的思維習慣於複雜，而把原本簡單的問題也複雜化了。

例如，有個人要在客廳裡釘一幅畫，請鄰居來幫忙。畫已經在牆上扶好，正準備釘釘子，這時鄰居卻說：「這樣不好，最好先釘兩塊木板，再把畫掛上面。」於是，他找來鋸子，但還沒鋸兩下，又說：「不行，這鋸子得磨一磨。」他丟下鋸子去拿銼刀。銼刀拿來了，又發現銼刀在使用之前，必須得安個把柄。為此，他拿起斧頭到屋外的一個灌木叢裡去尋找小樹。就在要砍樹時，他又發現生銹的斧頭實在是不能用，必須得磨利一點……當這個鄰居為磨斧頭找不到磨石，又去為買鋸子而忙時，那幅畫早已釘在牆上了。

職場中有許多像這個「鄰居」一樣走不回來的人。他們認為要做好一件事，必須得去做前一件事，要做好前一件事，必須得去做更前面的一件事。他們逆流而上，回歸到零，直至把最初的目的忘得一乾二淨。這種人看似忙忙碌碌，從早到晚一副辛苦的樣子。但其實，他們不知道自己在忙什麼。

早在一九三六年，著名的卡內基先生就在《人性的弱點》一書中說過：「成千上萬的推銷員終日奔波徘徊，疲倦困乏，頹敗沮喪，只能得到微薄的薪水。為什麼？因為他們永遠只在想他們要吃魚，而沒認真地去想一想魚愛吃什麼。」

有一個很有趣的有獎徵答題目：在一次乘船遊覽中，母親、妻子和兒子同時落水，應該先救誰？

有人說先救母親，因為妻子沒了可以再娶，兒子沒了可以再生，惟有母親今生今世只有一個；有人說先救妻子，因為有了妻子便會有兒子，至於母親已近人生旅途的盡頭，死也無憾；還有的人說應該先救兒子，因為兒子年齡小，尚未體驗人生的樂趣，而母親、妻子則不然。三種答案各有其理，但都未獲獎。

後來，獲獎者竟是一名八歲小孩，他的答案是：應當先救離自己最近的人。

為什麼大人不能獲獎而小孩獲獎了呢？原因是大人慣於複雜思維，常常用複雜的頭腦思考一切，用複雜的眼睛審視一切；而小孩則慣於簡單思維，常常用簡單的童真思考，用純真的心理感受一切。

成功者都知道運用貝爾納的目標確定原則。一次，法國某報出了個有獎智力競猜題目：如果羅浮宮失火了，只容許你救出一幅畫，你會救哪幅？在成千上萬的回答中，貝爾納的回答獲得最佳獎。他的回答是：「我救離出口最近的那幅畫。」可見，成功的最佳目標並非最為醒目，或最值錢，或最有名的那一個。

美國有一位名叫貝特格的保險行銷高手，曾一度陷入生意的困境，很煩惱。但他走出困境的方法很獨特：他初入保險業時也是躊躇滿志，充滿了膽量和熱情，無限熱愛工作，可是業績一直不佳，他因此灰心沮喪，欲就此放棄。某週末的早上，他苦苦思索問題的根源，並決定如果清理不出什麼頭緒來的話，就乾脆辭工改行。那天早上，他自問自答了這樣幾個問題：

——「問題到底是什麼？」

他回憶，有時在與客戶洽談一單業務時，似乎進展非常順利，但往往在要落單的節骨眼上，客戶卻突然就此打住，說下次有時間再面談。而恰好就是這些所謂的下次面談，耗費了他大量的時間和精力，使他產生一種挫折感。

——「問題的根源在哪裡？」

他有個好習慣，喜歡做工作記錄。於是，他拿出最近十二個月的記錄，作了一番統計分析，得出的結果使他茅塞頓開。他發現自己的生意有七十%是在首次與客戶的洽談中一次成功的，還有二十三%的生意是在第二次洽談中拿下來的，只有七%的生意卻需要在第三次、第四次、第五次，或更多次的洽談之後才能成交。而正是這七%的生意把他搞得筋疲力盡、狼狽不堪。也就是說，他幾乎每天都要花上半天的時間疲於奔命於這充其量只占七%的生意額上，結果得不償失。

——「解決方案是什麼？」

問題的根源一找到，答案似乎也就迎刃而解。他立即快刀斬亂麻，把所有那些需要進行三次以上洽談的生意一筆勾掉。把由此節餘下來的時間去專門挖掘潛在客戶。結果，他取得的業績簡直令人難以置信，在很短的時間內，他的洽談成交額就翻了一倍。

貝特格從幾乎放棄的邊緣而一躍成為當時全美最著名的保險銷售員之一，多虧他在關鍵時刻能靜下心來，對他的工作記錄作一番理性的分析研究，然後採取果斷的行動。這就是執行力，一種採取正確反應的能力。其實，由淺入深、由表及裡、由低到高、先易後難，這些都不是什麼高深的哲理，而是任何事物發展都必須要經歷的循序漸進的過程，從這個層面講，任何高效工作的程式都無限接近於自然法則。

平庸的人總是把簡單的問題複雜化，而聰明的人卻是能從繁雜的事情中找到解決問題的關鍵因素，這是一種能。用簡單的思維去思考，就能較為容易地捋清事情發展的脈搏，進而使自己的工作變得更為高效和富有成就。

12 如何成為老闆器重的人物

老闆在自己的公司內，處理事情時往往是一言堂。他的閱歷比其他人豐富，自信心很強，總是認定自己的想法是最好的。因此，多數職員認為唯命是從、畢恭畢敬，就能討得老闆的歡心，有些能力平庸的員工甚至以曲意逢迎來換取老闆的賞識。

其實，乖乖聽話、俯首聽命的夥計，不一定能位極人臣，因為在市場競爭如此激烈的今天，老闆首先要考慮的是企業的生存與發展，高帽戴著再舒服也比不上企業利潤的增長，因此，老闆心中最高分數的職員，一定是那些能為公司賺錢的職員。

什麼是最好的員工?老闆給出的答案一定是:能為企業賺錢的員工才是好員工。老闆並不需要你的逢迎和奉承,如果你能幫助企業賺錢,你就是老闆眼中最重要的人。

如果仔細觀察,你會發現,做老闆的不太會遷就人,但他必定會為業績做出各種妥協,因為老闆不會跟自己公司的錢包鬥氣。故而開展工作也好,服務於老闆也好,必須把努力的目標放在如何說明企業賺到錢和節省錢上,單做一個聽話的職員,在老闆心中的印象一定無法達到最佳。

在工作中要擺正自己的心態,不要以賺錢為目標,也不要以出名為目標,應該以成為你行業中的最頂尖為目標。只要成為你行業中的最頂尖的那一位,你一定會賺很多錢;只要你是你行業中的第一名,就一定會出名;只要你成為行業頂尖,你就一定會成功!

一個企業,不要以為只有生產人員和行銷人員才能爭取客戶、增加產出為公司賺錢,其實企業內所有的員工和部門都需要積極行動起來,為公司賺錢。因為任何機構要有盈餘,必須依仗開源和節流。不直接與客戶打交道的人最低限度也應成為節流高手，否則浪費會使公司到手的利潤大打折扣。如果你十分明確自己對公司盈虧有義不容辭的責任，就會很自然地留意到身邊的各種機會，而且只要積極行動就會有收穫。

一個從事雞蛋銷售的員工，進入公司不久，就得到了不錯的銷售業績，得到了老闆的褒獎。他是這樣做的：

在銷售牛奶櫃檯或冷飲櫃檯前，顧客走過來要一杯麥乳混合飲料。他微笑著對顧客說：「先生，你願意在飲料中加入一個還是兩個雞蛋呢？」

顧客：「哦，一個就夠了。」

這樣就多賣出一個雞蛋。在麥乳飲料中加一個雞蛋通常是要額外收錢的。讓我們比較一下，上面那句話的作用有多大。

員工：「先生，你願意在你的飲料中加一個雞蛋嗎？」

顧客：「哦，不，謝謝。」

可見，積極的行動和賺錢的責任感結合起來是多麼重要。如果你想在競爭激烈的職場中發展，成為老闆器重的人物，就必須牢記，為公司賺到錢才是最重要的。請立即以此為目標動手改善你的工作。許多年輕人之所以失敗，就是敗在做事輕率這一點上。這些人對於自己所做的下作從來不會做到盡善盡美。在公司我們應該不僅做到盡善盡美，還要做公司的「不斷增值」的資產。

克爾曾經是一家報社的職員。他剛到報社當廣告業務員時，對自己充滿了信心。他甚至向經理提出不要薪水，只按廣告費抽取傭金。經理答應了他的要求。

開始工作後，他列出一份名單，準備去拜訪一些特別而重要的客戶，公司其他業務員都認為想要爭取這些客戶簡直是天方夜譚。在拜訪這些客戶前，克爾把自己關在屋裡，站在鏡子前，將名單上的客戶念了十遍，然後對自己說：「在本月之前，你們將向我購買廣告版面。」

之後，他懷著堅定的信心去拜訪客戶。第一天，他以自己的努力和智慧與二十個「不可能的」客戶中的三個談成了交易；在第一個月的其餘幾天，他又成交了兩筆交易；到第一個月的月底，二十個客戶只有一個還不買他的廣告。

儘管取得了令人意想不到的成績，但克爾依然鍥而不捨，堅持要把最後一個客戶也爭取過來。第二個月，克爾沒有去發掘新客戶，每天早晨，那個拒絕買他廣告的客戶的商店一開門，他就進去勸說這個商人做廣告。而每天早上，這位商人都回答說：「不！」不過每一次克爾都假裝沒聽到，然後繼續前去拜訪。到那個月的最後一天，對克爾已經連著說了數天「不」的商人口氣緩和了些：「你已經浪費了一個月的時間來請求我買你的廣告了，我現在想知道的是，你為何要堅持這樣做。」

克爾說：「我並沒浪費時間，我在上學，而你就是我的老師，我一直在訓練自己在逆境中的堅持精神。」那位商人點點頭，接著克爾的話說：「我也要向你承認，我也等於在上學，而你就是我的老師。你已經教會了我堅持到底這一課，對我來說，這比金錢更有價值，為了向你表示我的感激，我要買一個廣告版面，當作我付給你的學費。」

克爾完全憑藉自己在挫折中的堅持精神達到了目標，並且為公司賺取高額的利潤，成為公司的不可或缺的「資產」。偉大的成功和辛勤的勞動是成正比的，有一分勞動就有一分收穫，日積月累，從少到多，奇蹟就能創造出來。

Part 4

與公司做對會被驅逐出場

01 想坐冷板凳就當眾反駁上司

樹立權威是領導人必要的管理藝術。而你如果當眾頂撞上司，或者當眾反駁上司的方案，這顯然與上司的「樹立權威」思想相違背。他是不可能容忍這種情況出現的，因此留給你只會是冷板凳。

心瑜是某設計公司的員工。目前她正在工作上的事情煩心：「也沒什麼大不了的事情，都是為了工作。三個月前我們公司接了一筆生意，客戶是個挪威商人。我們公司為他們提供一個主體廣告設計方案。公司這方面的工作一直都是我負責的，我對客戶的要求也比較熟悉，對他們的品味也能很準確地掌握住。我學的是美術設計，四年的歐洲留學經歷讓我對歐洲商業文化有深入的理解。

說實話，做好這個設計對我來說根本沒什麼問題，我相信自己有這個能力。可是你知道嗎？當我把精心設計的方案在討論會上向大家展示的時候，上司竟然說『毫無新意，沒有意思』，我當時就氣壞了，我說：『既然我設計的不好，請拿個好的方案讓我學習啊。』

上司拿出了自己的方案，我一看，哦，天啊！整個是暴發戶的設計，根本沒有一點時尚和現代感，只有堆砌的奢華。我當時就表達了我的看法。」心瑜是個心直口快之人。最不擅長的就是拐彎抹角了。再說，她也是為工作，自己的創意能不能用上是一個問題，但她不能讓上司拿那麼差勁的方案去唬弄客戶。

當時部門的業務骨幹都在，上司覺得很沒面子。從此以後心瑜就被老闆給晾了起來：「什麼好的項目都不分配給我了，以前我拉來的大客戶他也都悄悄轉到了其他同事那裡。每次開會討論，根本不給我發言的機會。我現在在公司感覺非常的壓抑，幾次想跟上司溝通，想把這些事情搬到台面上跟他好好談談，他都迴避不給我機會。是不是非得要我辭職他才滿意呢？」

跟上司就工作上的事情展開一些討論，完全是很正常的。當意見不一致的時候發生辯論也是可以的，甚至有時候你不認同上司的意見，給他提出一些修正的方案，只要方式恰當，也完全可以。但是心瑜卻因為沒有注意溝通的方式，最終上司利用職權之便，對她實施了冷暴力，使她感到身心疲憊。

首先換位思考一下，如果你是上司，下屬在眾人面前咄咄逼人地駁斥你的方案，你會作何感想？一定也不舒服吧？何況你猛烈抨擊上司的觀點，毫不顧及上司的感受。如果你絲毫不為他考慮，一定要用自己的高明來凸顯他的無知，甚至對他進行人身攻擊，質疑他的智商。即使胸懷再寬廣的上司恐怕也難以容忍這樣的下屬。說不定他還會想，這個下屬這樣對我不滿，是不是存心與我為敵，公開向我挑釁？再不做些防衛以後恐怕是要踩到我的頭上來了。有了這樣的想法，在以後的工作中扯你後腿，坐坐冷板凳對他來說信手拈來。所以說，跟上司溝通一定要講究方式和方法。

首先，儘量維護上司的面子。俗話說：「人活一張臉，樹活一層皮。」面子對於上司來講尤其重要。所以在很多時候，即使下屬很有道理，也千萬不要失禮，更不要因為自己的失禮而讓上司的面子遭到損害。做到以「禮」服人比以「理」服人更高明。在與上司交談時，應該表現出對上級應有的尊重。注意力要集中，不要顯出無精打采、漫不經心的樣子，太過無所謂的態度，必然會大大傷害上級的尊嚴。

其次，無論上級是對是錯，你都要先聽他說，然後再婉轉地表達自己的見解。在上級的觀點是正確的情況下，下級對他應表現出應有的尊重。假如你覺得上級錯了，想和上級理論一番，甚至直接指出他的過失，這樣，上級雖然在心裡認為你可能是對的，但在面子上仍然會掛不住，一定會把你視為一個「難搞」的下屬，進而可能在晉升和加薪時還以顏色。

最後，即使你確定上司的決策不妥當，你有更好的方案，在跟他交流意見時也一定要講究方法，切不可自以為是，咄咄逼人。最好先旁敲側擊一番，看看上司的意見，然後再委婉地表達自己的想法。

《左傳》中記載了這樣一個故事。晉靈公勞民傷財要建九層高台，並下令任何人不得勸阻。大臣荀息笑著說：「大王，我給你表演個小把戲吧。」晉靈公問：「是什麼小把戲？」荀息答曰：「我可將九個棋子疊起，上面再加十二個雞蛋。」

晉靈公很感興趣，讓他表演。荀息把棋子疊完，又把雞蛋一個、兩個地加上去。這時，晉靈公情不自禁地喊道：「危險！」荀息淡淡地說：「這沒什麼，還有比這更危險的呢！」接著痛切地說道：「大王為造九層高台，到處徵集民夫，造成地無人耕、布無人織，國家已近滅亡，還有比這更危險的嗎？」晉靈公幡然醒悟，於是便下令停建高台。

從這個故事裡我們不難看出，給上級提意見要善於動之以情，曉之以理，講究說話的藝術往往會取得事半功倍的效果。

02

積極承擔分外工作，你才能脫穎而出

曉萱是某公司的市場推廣人員。但是這一階段上司的做法讓她極不理解：「他前幾天突然安排我到南部去作推廣。我們公司在北部的推廣前期的準備工作全是我完成的。產品想推廣到學校去，我做了多少工作啊？還把我所有的人脈資源全用上了。前期的宣傳，到各個學校去找代理全是我一手操辦的，現在就差拿產品過去接洽了，我的工作馬上就能出現成果了。結果，他要我在北部這邊做的工作拱手讓給別人，你說我會服氣嗎？再說，誰都知道南部的市場太難開拓了，我在那邊又沒什麼熟人，工作怎麼展開啊？」曉萱急得直跺腳。

朋友提醒她：「是不是你不小心犯了什麼錯誤？」朋友懷疑上司這麼明顯

地為難曉萱可能另有隱情。

「我自己也想過這個問題的，想來想去，覺得可能是前一段時間他要我協助一些行政工作我鬧了點情緒，所以他就懷恨在心，用這樣的手段來對待我。」曉萱說。

「當時我的推廣工作正在緊鑼密鼓地進行，事情很多。我忙得焦頭爛額，恨不得多長幾雙手，多長幾個腦袋來應付這些工作。結果主管竟然要我去協助人事部做一些比較瑣碎的人事考核、收報表之類的雜事，我當然不高興了，我自己都希望有人來協助我的工作呢，還要我去協助別人，我又不是閒著沒事幹？」

曉萱當時就拒絕了：「我為什麼不能拒絕？每個工作崗位有自己的職責，我又不是做行政的，那不是我分內的工作。再說我那麼忙，是他安排工作不合理嘛，我當然要拒絕了。」

從曉萱的語氣，讓人感覺她還太年輕，還不懂得職場的規矩。面對分外的工作，很多年輕人提不起興趣來。他們認為既然是分外，那就不是自己應該做的，在單位，只要做好自己的本職工作就行了。所以，當上司安排了一些額外工作給他們時，這些人大多會毫不猶豫地拒絕，並且認為自己這樣做理所應當。

還有的人是礙於上司的情面，不想答應但又不好意思拒絕，最後雖然答應承擔那些本不該自己完成的工作，但心中怨氣很重，工作也是敷衍塞責，最後落得吃力不討好。另外一些人則是對工作懷有相當的熱情，上司交代一些額外的工作，他們都鞍前馬後，盡力做得漂亮，儘量為上司分憂。所以在公司裡，有人深得老闆的器重，而有的人則被打入冷宮，在職業生涯中舉步維艱。

同樣是面對額外的工作，不同的處理方式往往帶來不同的後果。故事中的曉萱就是屬於第一種人，不願意承擔額外的工作，並且毫不隱藏自己的情緒。不幸的，是她的上司對此相當計較，結果她遭到了上司的冷凍，工作上的調動給她帶來的麻煩比額外的工作要大得多。此外這樣的做法對她心理上也是個傷害，並且這也是個明確的信號，告訴她「上司很生氣，後果很嚴重」。遭到這一系列的打擊，她在這家公司的職業前途無疑會受到影響。由此可見，懂得怎麼對待額外的工作是相當有必要的。

很多時候，分外的工作對於員工來說是一種考驗，能夠把它做好，也是能力的展現。如果你的時間和能力允許，當上級給你一些分外的工作時你不妨高調接受，甚至有時候你還可以主動請纓承擔一些分外的工作，因為這在很多時候不僅表現你工作態度主動，而且你主動替上司分憂的做法也會贏得他的好感。

積極承擔一些分外的工作，才能脫穎而出。所以說，有時候適當地承擔一些分外的工作其實是在給自己創造機會，「自掃門前雪」的做法是為了讓自己避開分外工作的糾纏，但有時候卻使自己痛失良機，甚至帶來上司對自己的不滿，的確得不償失。

即使像曉萱一樣，面對額外的工作自己實在抽不出時間，或者確實沒有能力完成，要拒絕這種安排，千萬要講究方法。如果你直言相告，說你沒有義務去做這件事，並且也不具備這種能力，上級多半會不滿，認為你不願意接受任務，不服從他的安排，並且不注重團隊協作。這樣的話，他對你的印象必定要打折扣，甚至認為你不尊重他，不支援他的工作。也許，他會當場將你訓斥一頓，或者在以後的工作中不給你表現的機會。這樣一來，你可就失去了上級的信任和關照了，在以後的工作中肯定要受委屈。

明智的下級會非常「愉快」地接受任務，而不是拒絕上司的安排。即使他知道這是分外的工作，但在離開上級的辦公室時，他也不忘記說一句「謝謝您對我的信任，我一定努力，儘快把這件事辦妥」。而實際上，他回去以後根本就沒有開展工作，因為這本來就是一個「緩兵之計」。也許過一、兩天，他會主動找上級，向他闡述自己不適合做這項工作的理由，上級也不會因為他這樣做而對他有所猜疑，因為在上級的心目中，他已經盡力了，不是他不想為上級分憂，而是確有客觀原因。對這樣的「好」下屬，哪個上級不喜歡呢？這種方法是不是比當場拒絕上司更為聰明和有效嗎？

03 在同事面前發老闆的牢騷等於自殺

世上沒有不透風的牆。只要你曾經在同事面前發過上司的牢騷，他總會有一天會知道。這是因為，站在你面前聽你發牢騷的人，是你的朋友，也可能是上司的朋友，更有可能是你的敵人。

「在辦公室裡不能相信任何一個人，對誰都只能講三分話，不能全拋一片心。」這是文芳的經驗談。她說：「我是公司的人事經理。去年公司來了一個行政人事總監，是個女的。公司裡，有時在電梯裡或茶水間裡，老是有些同事向我打聽『新來的總監性子怎麼樣』『什麼背景』甚至有人問我『她年紀多大』，我知道禍從口出的道理，所以擺出一問三不知的樣子應付那些無聊的好奇者。

在公司裡我有個好朋友，我們經常一起吃午飯。她是市場部的，跟我們部門關係不是十分緊密，所以我也沒什麼好對她隱瞞的，在我們辦公室發生什麼事情我一般都會跟她說。自從新的總監來了後，我們午飯的話題常談到她。有一次，我和總監為一件事出現意見分歧，晚上在酒吧我大吐苦水，說這位總監如何難以相處，還談了不少她在工作中的錯誤和短處。我朋友當時就一個勁兒地勸我想開些，勸我不要和這種女人一般見識。

但是，自從那天晚上在酒吧暢所欲言之後，我和總監的關係逐漸僵化。我開始感覺做什麼事都不順起來。她對我態度越來越不友好，我很多建議她都予以否決，甚至在開會時公開批評我。我的提議她總是不假思索地予以否決，搞得我們部門的工作很難開展。

前不久我手下的培訓經理離職，她馬上安排了一個新的培訓經理，並插手管理公司的培訓計劃和課程，這簡直是公然踩到我的地盤上來了，我忍無可忍，終於跟她爆發了正面衝突。但是從那次之後，每週一的部門經理例會她的祕書再也不通知我參加了，我參加也不是，不參加也不是，非常尷尬。就在我準備辭職的時候，我看到我的好朋友，也就是市場部的那位同事，跟我們那位總監親密地在一起吃飯，那時我才明白，自己為什麼會有今天的下場，全是拜那位『好朋友』所賜。」

文芳其實遭遇了雙重打擊，一方面，她要承受來自上司的冷漠；另一方面，她還要忍受朋友的背叛。作為公司的高層管理者，能有今天的地位一定是經過長時間的努力和不懈奮鬥的結果，然而對現在的文芳而言，不僅自己多年來累積下來的職場資本面臨失去的痛楚，就連正常地、不被打擾地工作都成了一種奢望。

上司干預她的決策和管理，將她排斥在部門經理的會議室之外，否決她的提案……所有的這一切都表明，上司把她架空了。然而從表面上看，文芳並沒有犯什麼大的過錯，她的上司——那位總監還沒有讓人信服的理由公然降她的職，或者是解雇她，只有用這種不動聲色但又殺氣十足的手段逼其自動離職。

反觀文芳的故事，我們不難找出讓她敗走麥城的原因。首先，她不應該在最初和上司有意見衝突的時候，沒有及時跟上司溝通；其次，她不應該對同事毫無戒備之心，在其面前大肆詆毀上司。

從文芳的故事中，我們需要總結兩點教訓。第一，不管你與上司之間在工作中有什麼齟齬，不要將這些情緒帶到工作以外。下屬跟上司意見不合的情況在職場上時有發生，畢竟所處的立場不一樣，看待問題的方式也有所不同。但是意見不統一，最好當面溝通清楚，把話都講明白，講透徹。不要對上司心懷不滿，更不能在背後議論他的是非。

如果你對上司所做出的一些決定有看法、有意見，甚至變為滿腔的牢騷時，最好控制一下自己的情緒，想辦法化解。如果很難化解矛盾，也千萬不能在同事中宣洩，因為這不僅於事無補，還很可能給自己帶來麻煩。同事中不乏愛打小報告的人，將你的負面情緒傳到上司那裡，甚至添油加醋地發揮一番，那你就別再指望上司對你客氣和熱情了。

即使午餐或者休息時，好幾個同事湊在一塊兒談論上司的是非，你也要管好自己的嘴，不要以為大家都在說，你就可以毫無顧忌的宣洩自己心中的委屈和不滿情緒。因為不管有多少人在議論，你因議論上司而冒的風險是沒有分散或減輕的。甚至人越多風險越大，只要有一個人叛變，或者他本來就是上司的臥底，那結果肯定是你很難想像的。

第二，同事之間的相處要把握好尺度，不要全部交心。職場中的人，跟同事在一起的時間有時候比和親人朋友在一起的時間都長，如果志趣相投則很喜歡湊在一起。所謂「物以類聚，人以群分」，就是這樣，很多人將同事視為好朋友，好事壞事，什麼情緒都與之分享。但是同事之間其實在很多時候存在著利益的衝突和糾紛，即使你能淡然處之，對方卻不一定能。

況且在職場中，人們大多都會帶上一副社會面具，有些人看起來跟你很親近，但是你極有可能並沒有將他看透。所以同事之間的交往還是要把握一個度，不可過於親密。因為人性是複雜的，知人知面難知心。當你真心實意地去對待別人時，很可能會遭到對方的欺騙或背叛，所以與人交往時還是應該保留一份戒心的。即使是關係非常要好的同事，在他面前發上司的牢騷，也是不明智的行為。文芳就是吃了對朋友「全拋一片心」的苦頭。

04 與老闆對立就是與前途對立

很多人認為，員工和老闆天生是一對冤家。人們最常聽到的是相互間的抱怨，即使偶爾彼此關心一下，也讓人覺得有點假惺惺。人們常認為老闆多為員工著想是出於有利於企業發展的願望來考慮的，卻很少意識到員工也同樣要為老闆著想。

從社會學的角度講，老闆和員工是共生關係。沒有老闆，員工就失去了賴以生存的就業機會；沒有了員工，老闆想追求利潤最大化也只能是鏡中花、水中月。現在的企業越來越小型化，競爭越來越激烈，如果員工和老闆之間彼此針鋒相對，互不諒解，自然無暇抗拒來自外部的競爭。「皮之不存，毛將焉附？」只有愚蠢的員工才會耗費大量的精力去和老闆爭鬥，聰明優秀的員工會不斷調整自己的思路，與老闆保持一致。

所以，老闆和員工並不是對立的，老闆要想成就自己的事業，需要員工的配合，同時員工要想成就自己的事業，也需要老闆的配合。因此，老闆和員工是一個相互協作的關係，而不是對立關係。

如果你每天早晨一想到上班就害怕，一想到老闆就害怕，說明你與老闆有對立情緒，這種對立情緒並沒有任何理由。你不喜歡與他一起工作，但是你卻不得不想辦法與他和平共處。最後，你會把這種對立歸咎到老闆身上，認為自己付出很多，得到的卻是老闆的不公平待遇。這種不快樂會使得你和老闆、和公司在情感和利益上都形成一種惡性的對立關係，那麼你又怎麼能將工作做好呢？做不好工作，老闆就更加不喜歡你，於是惡性循環也就出現了。最終，你不得不辭職。

如果你覺得老闆對你不夠公正，首先要冷靜幾分鐘，想一想：「他為什麼這樣做？」如果你過於情緒化，或者一向對上司有成見，可能會和他大吵一架，而這樣只會使情況更糟。要始終堅持「對事不對人」，瞭解他的真實想法，順應他的思路，冷靜、客觀地提出要求。因為這種對立情緒的直接傷害者還是你自己。

不要感慨自己的遭遇，不要認為老闆是針對你個人。你不能獲得上司的賞識，肯定是某一方面出現了差錯，你應該學會積極地檢討，檢討一下自己的工作態度，檢討一下自己的工作成績，如果的確不出色，那麼你應該利用這個老闆給你挑錯的機會，充分認識自己的錯誤，從挫折感中走出來。

老闆慣於向員工發號施令，而員工是老闆管理的對象，是被管理者，你必須聽從老闆的指令，執行老闆安排的任務，即使老闆錯了，在提醒之後依然無法改變老闆的決定時，你還是要服從，別有什麼對立情緒，除非你做好丟掉工作的準備。

為了公司的利益，老闆只會保留那些最佳的職員，而那些沒有對立情緒的人絕對是其中之一。同樣，為了自己的利益，每個員工都應該意識到自己與公司的利益是一致的，而不是對立的，並且全力以赴努力去工作。只有這樣，才能獲得老闆的信任，並最終改變自己的狀況。

如果在工作中由於某些問題而與老闆產生對立情緒，最好的消除辦法就是積極與老闆進行溝通。與你的老闆溝通過程就是解決問題的過程。也許你的上司是一個心胸狹隘的人，不能理解你的真誠，不珍惜你的付出，但你也不要因此而產生牴觸情緒，將自己與公司、與老闆對立。

不要太在意老闆對你的評價，他們也是有缺陷的普通人，也可能因為太主觀而無法對你做出客觀的判斷，這個時候你應該學會自我肯定。只要你竭盡所能，做到問心無愧，你的能力就一定會得到提高，你的經驗就一定會更豐富，最主要的，是你的心胸就會變得更加開闊。

另一個方法是把自己看做自由人。想像自己是個獨立的承包人，你的老闆是位大客戶，然後合理地分配你的時間，以達到不僅滿足客戶所需，而且還有餘裕從各方面發展自己的目的。例如，你的工作是負責起草各種報告式文件，用詞的好壞，對你上司可能無關緊要，但對於你呢？一位獨立承包人，你應認識到，你使用的措辭技巧可能會開闢一個全新的銷售市場。這表面上是順從你的上司，實際是把你推到獨立承包人的地位。

老闆和員工關係和諧統一，這樣的公司才是朝氣蓬勃的，才是不斷發展進步的；而有了公司的發展，也就有了員工的發展。所以員工和老闆的對立情緒要不得。

老闆和員工並不是對立的，老闆要想成就自己的事業，需要員工的配合，同時員工要想成就自己的事業，也需要老闆的配合。因此，老闆和員工是一個相互協作的關係，而不是對立關係。

05

找老闆理論，埋單的肯定是你

儘管很多公司打著民主的旗號，但並沒有多少公司能夠真正實現民主，都是一言堂，老闆一個人說了算。和老闆理論，最終埋單的肯定是你。

大偉是一家廣告公司的骨幹員工，他工作能力強，性格也比較開朗，公司同事都很喜歡他。不過，大偉在工作中表現出來的率直和不加掩飾也曾讓他吃過大虧。

一年前，公司上級提拔了一個在許多同事看來工作業績都並不突出的同事，這讓大夥十分吃驚。因為無論是從資歷、工作能力，還是人際關係上考慮，大偉都應該是這次提拔的最佳人選。

年輕氣盛的大偉覺得受了莫大的委屈，在怒氣的驅使下，大偉沒有考慮太多，就直接跑到上級的辦公室去責問，並把自己的優勢——列舉，與那個被提拔的同事相比較。

大偉咄咄逼人的架勢讓上級一陣難堪，但他很快就以合理的理由讓大偉無話可說。大偉知道鬧不出什麼結果後，只得悻悻然地回到辦公室。

從那以後，大偉的工作情緒受到了很大的影響。工作起來無精打采的，好幾次還受到上司的批評。其他的同事見他情緒低落，也不敢和他多說話。這讓大偉更難受，他一直想不通，為什麼自己工作這麼出色，但上司就是看不到呢？再看看那位同事，平時並沒有什麼業績，卻總是好事不斷。

大偉開始反省自己的行為，他發現自己在平時的工作中，過於情緒化。自認為對的，就不由分說地否定別人的想法。一直以來他認為，只要做好工作，有好的業績就行了，與上司或同事相處並不需要技巧，因此才會費力不討好。因為升職的事去找上司鬧，就是處事不夠冷靜，過於情緒化的表現。

其實，辦公室裡同事間本來就是矛盾統一的集合體，既合作又競爭。人們往往會把自己跟辦公室裡年齡、條件相仿的同事拿來做比較。若換個角度想，以健康心態看待競爭關係，當同事的能力愈來愈強，等於是在無形中促使你提升實力。而與同事之間良好的相互合作，會從中感受到團隊合作的力量。

作為職場中人，要認清團隊的成功，就是個人的成功。個人對團隊的貢獻度愈高，在團隊裡的分量也愈重。另外，要將功勞與榮耀歸於團隊的夥伴，你成就了別人，別人同樣會成就你，這樣的團隊合作在工作中必不可少。

職場人講究追求自我價值，而企業也講究老闆和股東利益，都是市場經濟下的必然規律。如此一來，難免遇到自我價值與企業利益衝突的事。職場如商場，需遵循理性交易規則，才利於個人發展。

職場是冷酷的，因為職場是按照商務邏輯運轉的，而商務邏輯是理性規則、交易規則、對等、平等的規則。職場上的挑戰遠不只是工作上的完成任務，還涉及到企業如何衡量你的價值以及你如何正確看待企業兩方面。

員工跟企業間的關係，按職業化角度來講，是用市場規則管理的一種生意夥伴關係。員工為了自己的希望付出，企業為了企業的希望付出，雙方進行公平合理的交易。在平等的情況下、有規則的情況下進行合作，當不合作時也要按照規則分手。

二十一世紀企業最大的挑戰之一，是企業和雇員的關係越來越從「人生依附型的關係」變成「合作夥伴型」的關係或者「生意夥伴型」的關係。轉變是無可避免的，從保護自我的角度論，員工還是得建立起正確的職場處世哲學：理性又平和。

員工與企業更多是一種生意上的合作關係，在職場上讓自己理性平和，不僅有利於解決當前問題，而且還能夠對我們以後的職業生涯有幫助。西方社會中一直有種說法，智商重要，情商更重要，職場上遵循的也是這個道理。

06 老闆會剔除與他心靈不合的人

作為員工，你難免和上司有些小小的誤會，如果你與上司之間似乎有所芥蒂，首先應準確判斷上司是否真是看你不順眼，而不要敏感地自我猜疑。假如你不再被委派許多事務，尤其是有挑戰性的任務，或不再被邀請參加與你的位置相稱的辦公會議了，這時候你應該注意了，可能此時你跟上司的關係就有待改善了。

處理這些問題，第一步可以由你的良師益友或別的什麼人替你調查一下。你還可以直接走到他或她面前說：「我不知道發生了什麼事情，您是否能解釋一下呢？」然後恭敬虛心的傾聽。當上級講完後，你再說：「現在我對情況更加瞭解了，為了掃除障礙，我想我有必要向您解釋一下。」

注意，要把焦點放在能夠做些什麼來改善關係上，不要責備任何人，也不要提到任何有關導致危機原因的話題。你還可以把下一項任務做得特別出色，或去做沒有分配給你但你知道上司很希望辦好的事情。

假如隔閡並不太深，你可以採用另一種策略，如安排你到辦公室以外工作一段時間，在你和上司之間分開一段距離。這或許能融洽暫時疏遠的情感，還可以改善正在惡化的關係。

不管誰是誰非，得罪上司無論從哪個角度來說都不是件好事，只要你不想調離或辭職，就不可陷入僵局，以下幾種對策可為你留有轉圜的餘地：

一、不要寄希望於別人的理解

無論何種原因得罪上司，我們往往會向同事訴說苦衷。如果失誤在於上司，同事對此不好表態；假如是你自己造成的，他們也不忍心再說你的不是；更有居心不良的人會添枝加葉後回饋回上司那裡，加深你與上司之間的裂痕。所以最好的辦法是自己清醒地理清問題的癥結，找出合適的解決方式，讓自己與上司有一個良好的開始。

二、找個合適的機會溝通

消除你與上司之間的隔閡是很有必要的，最好自己主動伸出「橄欖枝」。如果是你錯了，你就要有認錯的勇氣，向上司作解釋，表明自己會以此為鑑，希望繼續得到上司的關心。

假若是上司的原因，可以在較為寬鬆合適的時候，以婉轉的方式，把自己的想法與對方溝通一下，你也可以用自己一時衝動或是方式還欠周到等原因，請上司諒解，這樣既可達到相互溝通的目的，又可以替其提供一個體面的台階下，有益於恢復你與上司之間的關係。

三、利用一些輕鬆的場合表示對他的尊重

即使是開朗的上司也很注意自己的權威，都希望得到下屬的尊重。所以，當你與上司發生衝突後，你不妨在一些輕鬆的場合，比如會餐、聯誼活動上，向上司問個好，敬一下酒，表示你對對方的尊重，上司會記在心裡，排除或是淡化對你的敵意。這樣做，同時也向人們展示了你的修養和風度。當然，對某些不稱職的上司，無所謂得罪，必要時還必須進行適當的反擊。

記住，不要和上司心存芥蒂，身在職場，每個優秀員工都應該和上司有一個和諧、恰當的關係。一旦和上司心存芥蒂，你在和上司溝通時就會有所顧忌和保留。這就會使上司覺得與你溝通十分不暢快。他需要下屬主動彙報，而不是靠他來揣摩。

07 不要輕易逾越老闆和員工之間的界線

常言道：「端別人的飯碗，就得受別人的管。」員工自老闆那裡領取薪水，老闆要求從員工身上獲得尊重，這都是再正常不過的事情。人與人彼此尊重是很正常的，但老闆通常在員工面前把對自己權威的尊重看得更重。

老闆不是神，即使他將與員工之間的那層薄紗揭開，兩者之間也不會平等。而且這層紗不可輕易揭開，否則將惹禍上身。客觀而言，隔閡和等級差別有存在的必要，因為老闆需要建立權威，使部屬服從。假如員工能夠一眼就看透老闆，老闆在部屬面前便如一本誰都能懂的書，部屬們對這種權威的服從程度便幾乎為零，那麼命令將如何施行，規章制度要如何貫徹，企業又如何求生存、求發展？

我們都知道《西遊記》中孫悟空。他古怪刁鑽，有著通天本事，但對權威卻很不尊重，所以他沒有機會走上仕途。他不滿「弼馬瘟」這卑微的職務而自封「齊天大聖」，與玉帝並肩稱王，令玉皇大帝再也無法容忍。他與如來佛打賭翻筋斗，又調皮地把尿撒在如來佛的手掌心，如來佛縱有成佛的修養也無法容忍他如此頑劣，而把他封壓在五指山下。

老闆和你說話的時候，你若心不在焉或滿不在乎，他可能會認為這是對他權威的蔑視；隨便替老闆取綽號、或未徵得他的同意就在公眾場合直呼其名，甚至他的小名，都會讓他心生不快；如果上班老是穿同樣甚至邋遢的衣服，特別是女性，化妝不得體或是在重要場合不化妝，老闆都會認為這是對他的不尊重，這些微乎其微的細節，甚至是你不經意流露出來的小習慣，都可能引起老闆的不高興，那麼你的加薪晉職就成了問題，甚至老闆老是給你扯後腿，你還搞不清楚他之所以「不公平」的癥結在哪裡。

老闆雖然比你成功，但也不可能事事都能做到盡善盡美，當老闆自認縝密的決策有所疏漏時，你該怎麼辦？當工做出現問題而並不是你的錯，可是老闆仍是不分青紅皂白地指責你，甚至是他當時心情不好拿你當出氣筒，此時又該怎麼辦？

也許有人會馬上回答說，據理力爭不就行了？據理力爭就真的妥當嗎？「公說公有理，婆說婆有理」，有些事情不是據理力爭就能解決的，老闆有失誤的時候，切勿直言指出「你錯了」，如果必須指出來，也得採用委婉迂迴的說法才行。

當老闆大發雷霆時，最好先不要爭辯。如果你莽撞地解釋，他對你的不悅和懷疑也就越高漲。即使真有解釋的必要，也應當等到事後他的火氣消了之後，再找機會解釋。還有，千萬要注意不要在公眾場合或其他同事的面前跟老闆頂嘴，那反而會弄巧成拙。因為老闆極重「面子」，即使明知自己錯了，也拉不下臉當眾承認，如果你又一味地窮追猛打，在大家面前讓他出醜的話，吃虧的只會是自己。

其實，老闆有很多種，遇上明智的老闆也就罷了，要是遇上度量小的老闆，那就得多留神些。不管如何，不要輕易逾越老闆和員工之間的界線，給予他們一定的尊重是非常必要的，這也是「明哲保身」的重要原則。

08 說「不」沒技巧，就會死翹翹

許多職場新人都懷有一種同樣的心理，認為畢恭畢敬、惟命是從才能討老闆的歡心，以致於在工作中只會說是，進而給自己帶了很多煩惱和麻煩。

老闆委託你做某事的時候，先要仔細考慮，這件事自己是否能勝任？考慮好再給老闆一個明確的答覆，不要為了一時的情面，草率接下來，到最後不但你的努力付之東流，老闆也會把失敗的原因歸咎到你頭上，同時還會產生你對工作不負責任的印象。那時你真是啞巴吃黃蓮，有苦難言了。

詹姆斯是一家廣告公司的策劃人員，作為一名職場新人，在工作上總是任勞任怨，為了給老闆留個好印象，對老闆安排的工作，從來都毫不猶豫地接受。

但由於沒有經驗，他工作起來都很吃力。一次，老闆問他能否在五天之內完成一項策劃，詹姆斯想都沒想就一口答應了下來。

詹姆斯以前從來沒有做過這麼大的策劃，因此工作進展比較慢，眼看就要到交稿的時間了，為了在規定的時間裡完成工作，詹姆斯投機取巧，找了一份以前的策劃簡單地做了修改，沒想到被老闆發現了，一怒之下將詹姆斯掃地出門。

量力而為是我們懂得的道理，縱使是平時對自己十分照顧的老闆委託的事，但自覺做不到，你也應該明確地表示態度，說：「對不起，我做不到。」

說不是一種藝術，學會何時說「不」，不但可以明哲保身，也可以避免許多不必要的麻煩。但有時候，即便是對自己的老闆，還是不得不說「不」。要根據企業文化，或者說是老闆的具體情況，有充分理由並講究方式方法地去表述這個「不」。

金先生是一家快速消費品公司的銷售主管，他們在背後把老闆叫作「狼」，老闆是個眼裡不揉沙子的人。誰上班打私人電話，誰上網聊天都會被他當眾指責。最要命的是開會遲到，他會叫你一直站著開會。

有一次，公司要為換新包裝的產品重新製作廣告。開會討論時，老闆提出了一個非常離譜的創意，大家聽後面面相覷，但誰也不敢說什麼。後來金先生實在忍不住開口了，因為他是負責和廣告公司聯絡的，金先生指出：「這個創意好是好，不過廣告公司可能做不出來……」

話還沒講完，老闆就說話了：「都還沒和廣告公司說，怎麼知道做不出來。你應該和廣告公司闡述清楚，如果這家不行可以考慮換另一家。」最後他又說一定要全力以赴做好。

金先生沒辦法，把老闆的怪想法和廣告公司一說，接案的那位馬上就叫起來：「這麼傻的東西也叫我們做，怎麼做啊?請他另外找人做吧，我們做不來!」金先生不敢得罪老闆，也不能和廣告公司弄僵，可憐金先生只能低聲下氣請廣告公司幫忙做做看。偏偏廣告公司的老闆也厲害，他對金先生說：「你們公司是我們的客戶，我們應該滿足你們的要求，可是這種廣告方案我們不能做，因為即便做得出來也會影響我們公司聲譽的。」

這件事讓金先生兩頭受氣，還好，過了些時候老闆可能也覺得自己的想法不現實，就換了另一個方案拍了一個雖不難看但也不算好看的電視廣告。可是自從這件事後，金先生感到老闆對自己的態度有所改變，沒事總會挑毛病。

若要說「不」，必須掌握尺度。做一名優秀的職員要敢於向老闆說「不」，如此才能顯示自身的專業能力。老闆需要的是專業化的支援，老闆的信任來自平時的累積。「專業能力」需要結果的驗證，說「不」的真正目的是輔助高層「把事擺平」。

當然，員工應該考慮清楚了再說「不」，不要因為人事關係妨礙講出自己的意見。說「不」或者不說「不」，都要有必要的理由：比如當老闆的願望與國家政策、法規可能牴觸時，你最好說「不」，否則老闆會把責任推在你身上；當老闆因為市場、資金或是管理、公司政治等等方面的困擾的原因，有退縮、保守的趨向，或者開始犯「大企業病」時，說「不」則可能招致「殺身之禍」；當老闆打算推進變革時，他必定要從「人」的問題人手，這時，你不要做絆腳石，而應該給他更多建議。

對老闆說「不」自然要講究方式方法，特別是遇上一個性格比較直接、比較獨斷的老闆，當眾反對他是最下策的，好的方法是個別交談表達自己的意見。而且和老闆簡單地說「不」是不明智的，提供自己專業、獨到的建議才是最有效的。

「不」是一個簡單的字眼，但並不容易脫口而出。婉謝而不要嚴拒。溫和的回應總能避免直面的尷尬。合情、合理而又彬彬有禮的婉拒，不至於傷害彼此的和氣或未來的合作良機，要掌握婉拒的分寸和藝術。尤其當老闆或主管對一項措施徵求你的意見時，出於責任的緣故，必須表明你是反對還是贊成時，一定要注意技巧。

09

最快的辭職方式就向老闆咆哮

埃爾伯特・哈伯德，是紐約ROYCROFTERS公司創始人。也是一個堅強的個人主義者，他畢生不懈地努力工作，獲得豐碩成果。

在哈伯德看來，在一個張揚個性和私人權利的時代，不要服從、謀求自我實現是天經地義的。但是，遺憾的是很多人沒有意識到——個性解放、自我實現與主動性、敬業、忠誠絕不是對立的，而是相輔相成、缺一不可的。

哈伯德認為，許多人以玩世不恭的態度對待工作，對公司報以嘲諷，頻繁跳槽，久而久之，可能墮落為老闆稍加疏忽就、懈怠的人在他關於「員工如何處理與公司、老闆關係，調整心態主動出擊去奪取成功」的主題文章中，曾講到這樣一個故事：

「有一次，我遇到一個耶魯大學的學生，他正要回家渡假。我肯定他不能代表真正的耶魯精神，因為他對學校的規章制度牢騷滿腹。

哈德里校長也成為他批評的對象，他對我說了一大堆理由，還附帶著時間和地點說得跟真的一樣。很快，我就感到麻煩出現了，不是耶魯有了麻煩，而是那個學生。他對一些微不足道的事耿耿於懷，他做得太離譜，終於失去了在耶魯大學學習的資格。

我想，耶魯並不是完美無缺的，哈德里校長和其他的耶魯人也都願意承認這一點，但是，耶魯得某些優勢是有目共睹的，耶魯的學生們也因此受益匪淺。」

哈伯德說，如果你是一所大學的學生，那就抓住那些現有的好處。你對它的制度給予同情和忠誠，你就會得到報償。站在老師們那邊，他們就會盡力而為。如果一個地方不好，那你平時就盡力而為，給別人樹立榜樣，讓它變得好起來，做自己分內之事。

如果問題出在公司一方，老闆性情乖戾，那麼你最好就找他，誠懇地、平靜地、溫和地向他說明，他的政策是荒謬的。然後，讓他知道改進的方式，你還可以把這些問題攬過來，悄悄地清除它們。或者去做，或者不做，二者必居其一；要麼全身而退，要麼全力以赴，你只能做出一種選擇。

如果你為一個人工作，那就以上帝的名義去為他工作。如果他的報酬足以讓你有飯吃，那就盡心為他工作，為他著想，支援他，支援他所代表的機構。

如果我為一個人工作，我就為他工作。我不能對他三心二意，不能陽奉陰違。我不是全心全意，就是乾脆不幹。

如果你非要辱罵、詛咒和沒完沒了地貶損不可，那麼你為什麼不辭職？當你身處局外時，你可以盡情發洩。但是，當你身在其中，不要詛咒它。當你貶損它時，你也是在貶損自己。

如果你說三道四，指桑罵槐，陽奉陰違，說老闆是一個性情乖戾的人，他的事業就要完蛋了，那麼你對他毫無幫助。你沒必要以不滿來威脅他，沒必要將嫉恨升級為衝突。

如果你告訴別人你的老闆是一個性情乖戾的人，那麼你就暴露了你就是這樣一個人；如果告訴別人機構的政策「不可救藥」，那麼顯然你也是這樣。所以，學著遵從和忠誠於你的老闆，高明的人控制著自己的情感，而不是向老闆咆哮，說他的不好。

10 上司的隱私聽不得說不得

知曉上司的隱私是職場大忌。挽救的最佳辦法就是守口如瓶，為上司保密。只要你這樣做了，一定能把壞事變成好事，否則你就會有苦果子吃。

小冉剛剛調到另外一個城市的分公司去。她說：「這是一種陷害，或者說根本就是一個陰謀。我被陷害了，還被無緣無故地流放外地。我以前在總公司累積的人脈資源及為升職所做的一切努力都浪費了。現在還必須在那個鳥不拉屎的地方從零開始。

以前在總公司的時候，雖然我只是個銷售專員，但手下有好幾個人員能招呼，現在那個分公司，總共才十多個人。而且我過去還是做行政助理，什麼行政助理啊，說白了就像老媽子一樣，處理一些雜七雜八的事情。我快煩死了！陷害我的人當然是我們那個惡魔般的主管了。誰要是問我這世界上誰最不近人情，最冷血，我肯定第一個推薦她。把我調到那個小公司就是她的主意。憑什麼啊？我做得好好的，又沒出什麼差錯，幹嘛這麼對待我？還美其名說是什麼『到基層磨鍊』，磨鍊她個頭啦，她自己怎麼不去磨鍊，憑什麼要我去？」

小冉認為這次調動和一件祕密有關：「年前公司發年終獎金，我們部門這一年的業績很亮眼，大家都拿了不少，於是我們在一起商量怎麼去狂歡一下，畢竟辛苦一年了。後來我提議去美容院做按摩和美容，大家紛紛回應。結果那天我和另外兩個同事一起去了美容院，她們先去三溫暖，我因為討厭那個，就坐在大廳等她們一起去做按摩。

結果也是巧，就碰到我們那個冷血女魔頭，她剛從裡面出來，看到我躲躲閃閃的，沒說兩句話就匆匆走了。我是感覺她神色不太對勁，後來到前台一問，她竟然是來豐胸的！哈哈，笑死人了。後來兩個同事出來，我把這個消息告訴她們，大家免不了一陣大笑。

這樣的笑話自然很快就傳遍了公司，反正大家笑笑也就算了。誰曾想這傢伙這麼記仇，竟然對我下這種黑手。」

俗話說：「打人莫打臉，揭人莫揭短。」在中國，「面子」是很重要的，為了「面子」，小則會翻臉，大則會鬧出人命。小冉的上司到美容院去豐胸，這本來就是女人很隱私的事情，不料卻被自己的下屬撞見。如果是個知趣的下屬，能為她保守祕密，讓她在公司繼續保持良好的形象和威嚴也就罷了，偏偏這個下屬「心直口快」，立刻將她的祕密廣播出去了。

雖然她口頭上不好發作，但心裡一定恨得牙癢癢。在眾下屬面前揭自己的短，搞得自己顏面盡失，要她再喜歡和重用這樣的下屬應該是很困難了，還不如找個機會打發掉。於是，小冉被調離也是在所難免的。

在中國，有「逆鱗」之說。據說在龍的喉部以下，約直徑一尺的部位上有「逆鱗」，如果不小心觸摸到這一部位，必定會被激怒的龍所殺。上司也是人，身上也有「逆鱗」。他們的「逆鱗」就是他們的死穴或軟肋，不願意別人提及，更不想公之於眾。如果你偏偏不信邪，就要以身試險，被上司的冷暴力凍得七葷八素就不奇怪了。所以要想逃脫冷暴力的困擾，就是一旦發現上司的祕密，一定要守口如瓶，千萬不可大肆宣揚，弄得人盡皆知。

你揭露他的隱私、毀壞他的形象，點到了他的痛處，雖然他當時不便立即發作，可是心中一定憤恨你，一旦遇到機會便難免報復。留心上司的忌諱，原是小事，如果因為說話不慎招致上司的怨恨，那就不值得了！

與大肆宣揚相反，如果你知道了上司的隱私或比較私密的資訊，又能及時替上司掩飾其「痛處」或「缺處」，則有可能被對方當成知己，收到意想不到的回報。一個聰明的下屬，要成為不該開口絕不開口的人，這樣才能獲得上司的信賴。

小悅在某公司收發室做文件信函的處理工作，每天要拆閱大量的信件，然後分門別類送給有關部門和上司。

一天，她拆了一封只寫有「總經理收」字樣的信，一看，竟然是涉及總經理夫人生活作風問題的私信。糟糕，小悅無意中知道了上司的隱私，該怎麼辦？

她很快冷靜下來，把信裝好，立即來到總經理的辦公室，單獨把信交給他，並誠懇地說：「馬總，很對不起，我不知道這是您的私信，剛看了個開頭，發現不對勁，就趕緊給您送過來了。這是您的私事，我向您保證絕對守口如瓶！」小悅說到做到，得到了總經理的信任和欣賞，以後自然得到了很多的機會。

知曉上司的隱私是職場大忌。挽救的最佳辦法就是守口如瓶，為上司保密。只要你這樣做了，一定能把壞事變成好事，進而得到上司的信任。否則冷暴力像子彈一樣是不長眼睛的。

11 不要擅自為老闆做主

敢為老闆擅自作主的員工多有些沒有自知之明的嫌疑，但是現代職場卻真的有這麼不知輕重的員工。下面一則故事正好說明了這個道理。

「完了，這下全完了！」林經理放下電話，就感歎起來，「原來那家便宜的東西，根本不合規格，還是林老闆的好。可是，我怎麼那麼糊塗，還寫信把他臭罵一頓，而且還說他是騙子，這下子惹麻煩了！」

「是啊！」祕書王小姐轉身站起來，「我那時候不是說嗎，要您先冷靜冷靜再寫信，您不聽啊！」

「可是那時我在氣頭上，以為林老闆一定騙了我，要不然怎麼比別人貴那麼多。」林經理焦慮來回踱著步子，然後指了指電話，「把電話告訴我，我親自打過去道歉！」

「沒寄？」

王祕書一笑，走到林經理桌前：「不用了！告訴您，那封信我根本沒寄。」

「對！」王小姐笑吟吟地說。「嗯……」林經理坐了下來，如釋重負，停了半響，又突然抬頭：「可是我當時不是叫妳立刻發出嗎？」

「是啊！但我猜到您會後悔，所以壓下了。」王小姐轉過身，歪著頭笑笑。

「壓了三個禮拜？」

「對！您沒想到吧？」

「我是沒想到。」林經理低下頭，翻記事本，「可是，我叫妳發，妳怎麼能壓下來？那麼最近發南美的那幾封信，妳也壓下來了？」

「我沒壓。」王小姐臉上更靚麗了：「因為我知道什麼該發，什麼不該發……」

「是妳做主，還是我做主？」沒想到林經理沉聲問。

王小姐呆住了，眼眶一下濕了，兩行淚水滾落，顫抖著、哭著喊：「我，我做錯了嗎？」

「妳做錯了！」林經理斬釘截鐵地說。

看完這個故事，你會想：明明張祕書救了公司，老闆非但不感謝，還恩將仇報，對不對？

如果說「對」，那你就錯了！因為正如林經理說的——「是妳做主，還是我做主？」

假使一個祕書，可以不聽命令，自作主張地把主管要她立刻發的信，壓下三個禮拜不發，那「她」豈不成了主管？如果有這樣的「黑箱作業」，以後交代她做事誰能放心？所以王小姐有錯，錯在不懂工作倫理。老闆畢竟是老闆，事情還是得他做主。

最後王小姐被記了一個小過，但沒有公開，除了林經理，公司裡沒有任何人知道。但是一肚子委屈的王小姐，再也不願意伺候這位是非不分的老闆了。她跑到張經理的辦公室訴苦，希望調到張經理的部門。

「不急，不急！」張經理笑笑：「這件事情我會處理的。」

兩天之後，果然做了處理，王小姐在第三天的早晨就接到一份解雇通知。

作為企業的員工，你必須知道，無論你幫老闆管了多少事情，也無論老闆多糊塗，甚至依賴你到沒有你在他連電話都不會打的程度，但他必竟還是你的老闆，任何事畢竟還是由他做主，所以在任何情況下都不要自作主張。

老闆反感下屬的自作主張，其實不在於他的擅自決定給工作帶來的損失。通常說來，這種損失是微小的。老闆真正在意的是下屬越權行事的行為，以及這種做事方法所反映的下屬心中對老闆的重視程度。

儘管這種行為不一定說明下屬不注意老闆的存在，不把老闆放在眼裡，但在老闆的理解上，往往會把這種行為與下屬對自己的個人態度聯繫起來，最後認定這種做法不僅是對自己的無視，也是下屬工作經驗與能力欠缺、辦事不穩重的表現。這樣一來，你無意中的一次私自定奪行為，可能給你帶來的就是老闆以後的冷淡與不信任。這種誤會與不信任，可不是一朝一夕能夠改變的，對員工前途的損傷也是難以彌補的。

不擅自作主，是你在處理老闆交代的事情時最根本要做到的，而要想進一步在這一方面做得更好，你還需要做到遇事多和老闆商量，讓老闆幫你做主。

如果以前你有過一些工作上或生活上的問題想問老闆而不敢問，那麼此刻你就應該改變方針，儘量地發問。部下向上司請教，並不可恥，而且是理所當然的。有心的上司，都很希望他的部下來詢問。部下來詢問，表示他眼裡有上司，看重上司的決定。另一方面也表示他在工作上有不明了之處，而上司能夠回答，才能減少錯誤，上司也才能夠放心。

如果員工假裝什麼都懂，一切事情都不想問，上司會對你是否會在重大問題上自作主張而產生擔憂。在工作上有重大問題的決策時，你不妨問問上司「關於某件事，某個地方我不能擅自下結論，請您定奪一下」或者「這件事依我看不這樣做比較好，不知你認為應該如何」等等。

儘管你並不是真正會聽從上司的意見，這樣做卻會使上司產生「他什麼事情都聽我的」的心態，認為你在什麼問題上都會重視他的意見，在工作上也不會私自越權決策。

人在職場你必須時刻牢記一條：老闆永遠是決策者和命令的下達者，無論我們有多大的把握相信自己的判斷力，無論你代替上司決定的事情有多細微，都不能忽略上司同意這一關鍵步驟。否則，當上司意識到本應由自己拍板的事情，被屬下越俎代庖，他所產生的心理上的排斥感，以及對於下屬不懂規矩的氣惱，足以毀掉你平時憑藉積極努力所換來的上司對你的認同。「一招不慎，滿盤皆輸」，莫過於此。

Part 5

別把問題留給公司

01 大多數公司希望員工終結問題

我們在執行任務的過程中不可避免地會遇到這樣那樣的問題。面對困難，你是不斷為自己找藉口迴避困難，還是拿出當仁不讓的勇氣，對老闆和同事說：「讓我來」。或許看了下面有關美國獨立戰爭時期女英雄瑪麗・海斯的事例，關於這個問題，你會在心中有一個讓自己滿意的答案。

一七七八年六月二十八日，天氣特別濕熱，氣溫將近攝氏三十八度。這天，在新澤西浮瑞荷德鎮芒茅斯，喬治・華盛頓將軍最終決定對英全面開戰。

在查理斯將軍領導的一次試探性的攻擊之後，美國的革命力量在華盛頓將軍的領導下開始了一場對抗英國人的激烈戰爭。這是美國獨立戰爭中規模最大、持續時間最長的戰役。僅幾個小時，雙方就向對方陣地傾瀉了成噸的炮彈。此外，雙方還各有數十枝槍正激烈互相掃射。很長一段時間裡，雙方勢均力敵。

戰爭在繼續，戰士們已經筋疲力盡了，許多人喊著要喝水。炮手威廉姆・海斯的妻子瑪麗・海斯衝到前線把水送到戰士的手裡。像當時許多軍人的妻子一樣，她一直在為前方的戰士送水、做飯，照顧自己的男人、照料傷患。她就像戰士一樣獻身於追求自由、推翻英國統治的事業，和軍隊一起在佛基谷度過了可怕的冬天。

那一天，她在幫忙護理傷兵，但由於天氣濕熱，主要工作還是往前方送水。一次運水回來，她發現接替威廉姆的戰士已經受傷，剛剛下來休息的威廉姆又上了戰場。戰鬥僵持不下，美國人擔心輸掉這次戰役，所以不敢讓任何一門大炮停止轟擊。正當瑪麗張望的時候，威廉姆被敵方的炮火擊中陣亡。瑪麗沒有猶豫，她知道炮團缺少炮手，便衝上去接替了丈夫的位置。

一位康涅狄格州的士兵在他的自傳中這樣描述瑪麗的英勇行為：

她跨了很大一步去取炮彈，這時敵軍的一發炮彈打來，剛巧從她雙腿之間穿過，沒有傷著皮肉，只炸掉了她裙子的下半部分。她毫不在意，看了看，繼續作戰。在激戰了幾個小時之後，英國炮兵頂不住了、被迫後退，美軍取得了勝利。

雖然這次勝利不是一次十分重要的軍事勝利，但在政治上卻意義重大，它極大地鼓舞了革命力量的士氣。美軍已經能在開闊的戰場上和英軍對峙、戰鬥，迫使英軍撤退。在美國獨立戰爭中，這次戰鬥時間最長，英軍傷亡人數是美軍的二至三倍。為了表彰瑪麗・海斯在戰鬥中的出色表現，喬治・華盛頓將軍授予她軍士軍銜。

瑪麗・海斯的故事告訴我們，無論在工作中出現什麼樣的問題，拿出當仁不讓的勇氣，主動去解決它，你就是好榜樣。

彼得是紐約一家日用產品公司的推銷員，有一天彼得走進一家小商店裡，看到主人正忙著打掃衛生。他熱情地向店主介紹和展示自己公司的產品，然而店主卻默默地望著他，對於他的舉動毫無反應。

對此，彼得不氣餒，他又主動地拿出自己所有的樣品向店主推銷。他認為，憑著自己的熱情、執著以及完美的推銷技巧，店主一定會被他說服而最終向他購買產品的。但是，令人出乎意料的是，那店主卻憤怒萬分，還用掃帚將他趕出了店門。

莫名其妙的彼得被店主的恨意震驚了，他決心要查出這個店主如此恨他的原因。於是，他利用休閒的時間去其他推銷員那裡瞭解情況，終於他清楚那個店主對他如此不滿的理由了。原來，由於他前任推銷員工作上的失誤，使這個店主積壓了大批的存貨，大量的資金無法周轉，店主的經營也因此受到了牽制。雖然這件事和他並沒有關係，但他認為作為公司的一分子，他有義務解決他前任推銷員所遺留下來的問題，更有責任經由自己的努力來挽回公司在信譽方面的損失。

於是，彼得疏通了各種管道，重新做了安排和部署，並利用自己的人際關係請一位較大的客戶以成本價買下了店主的存貨，使店主積壓的資金得以回籠。結果是不言而喻的，他受到了店主的熱烈歡迎。彼得用自己的責任心說明公司重新贏得客戶的信任，同時也為自己的推銷工作尋找到了新的途徑。

面對工作中的困難，我們應當像瑪麗・海斯和彼得那樣，拿出當仁不讓的勇氣去解決它。積極地投入工作，你才能夠贏得成功的機遇。

02

公司懶得打理行動力不強的人

如果沒有更好的選擇，目前你所在的公司和崗位就是最好的。目前的工作和你所經歷及面臨的一切都是你的財富。你沒有抱怨的理由，惟有透過行動來成就自己。

無論你所在的公司規模多麼小、業務多麼簡單，但是，他存在並能夠給你薪水，就說明他有一定的過人之處，這或許是一項高科技產品，或者是一種先進的管理經驗，或者是一種催人上進的企業文化，而這些，都是你人生發展必不可少的。

所以，每天面對自己的工作，我們應該做的，就是全面地認識自己的公司，每天去觀察它的成長和自己的成熟，從公司和公司的同仁那裡學習知識和技巧，充分利用現有資源，努力做好自己的手頭工作，而不是盲目的抱怨。

邁克爾剛進公司的時候，上司非常賞識他。為了不辜負上司的器重與信任，他主動申請去開拓公司在非洲的外埠市場，義無反顧地離開了美國，獨自去了那塊陌生的土地。

在非洲，邁克爾克服生活上的種種不適，雖然問題仍是接踵而至，但他仍賣力地開展工作。他不但要以經理的身分代表公司去洽談業務，還要以搬運工的身分親自去碼頭取貨、送貨。面對這些，邁爾克沒有一句怨言，只是默默地承受，把這一切的磨難當成理所當然。

然而，在非洲這塊土地上，他辛勤的勞作並沒有換來豐盛的成果。兩年多來，雖然每天都在竭盡全力地工作，卻沒有獲得在本土時一半的成績，他成了同事中業績最差、進步最少的人！上司對他在非洲的表現頗有微詞，對他在工作上的支持也沒有了以往的熱情。但邁克爾沒有時間抱怨，仍一如既往地賣力工作。

辛勤勞作，並沒有換來上司的嘉獎，尤其這種嘉獎對邁克爾來說，已經成為他堅持下去的動力，這使他在相當長的一段時間裡心境悲涼。覺得前途灰暗，看不到成功的方向。然而，他最後還是選擇堅持下去而不是埋怨上司的不理解，並盡最大的努力與上司保持著溝通。他一直把這份艱辛當作一種契機，一首成功的前奏曲。終於，在半年之後，他在非洲的市場有了令人矚目的重大轉機。

邁克爾的事例告訴我們，每一次任務都蘊含著機會，與其抱怨不如實幹，一名優秀的員工應當像邁克爾一樣，無論做什麼樣的工作，都要時刻以自覺的行動來代替報怨。對於他而言，公司的組織結構如何，誰該為此問題負責，誰應該具體完成這項任務都不是最重要的，在他心目中惟一的想法就是如何解決問題。

倘若我們的抱怨毫無理由，就應從根本上改變自己的心態，由消極變為積極，由推諉變為主動，由事不關己變為責任在我。有時，即使我們的抱怨具備十足的理由，那也還是不要抱怨吧。因為在逆境中拼搏能夠產生巨大的力量，這是人生永恆不變的法則。當你遇到某一個難題時，也許一個珍貴的機會正在悄悄地等待著你。

所以，一旦你決定要從事某種職業，或者一旦在從事某種職業，就要立即打起精神，不斷地勉勵、訓練、控制自己。在你的工作中要有堅定的意志，積極的心態，無論做什麼事情都要全心全意去執行。實際上，如果你能夠靜下心來，仔細地審視自己的工作，你就會發現每一份工作都是一個自我實現的極好的平台，都有著極好的資源等著你去利用，不信，請看下面這則關於丹尼太太的故事。

丹尼太太是一家公司的清潔工，她是一個四十多歲、身材有些發福的女人，手腳不是很勤快，但嘴巴卻總是閒不住，經常與人搭訕，電話也是天天響個不停，簡直比公司的經理還要忙。

一天，公司的一些員工們聚在一起聊天，一個叫布魯斯的職員突然感歎道：「我們連丹尼太太都不如啊！」見到別人詫異，他又說：「你猜她每個月能賺多少錢？」

一個清潔工，薪水再高能高哪去？於是大家七嘴八舌地討論開了，有說五百塊的，有說八百塊的，但布魯斯只是搖搖頭，伸出了四個指頭，於是有人就「大膽」地預測：「不會是四千塊吧，太厲害了！」

「什麼四千？是四萬美元！她每個月至少可以賺四萬！」布魯斯笑著說。

「不會吧！」除了布魯斯，每個人驚訝得眼珠子都差點掉下來。

「是她自己跟我說的」。布魯斯笑著說。

「丹尼太太還說，做清潔工只是一個平台，我覺得她完全可以做一個CEO了！」

原來，丹尼太太藉著到公司做清潔工，打聽公司裡誰需要找鐘點工，誰需要租房子，然後就當起了仲介，收取仲介費。丹尼太太還自己買了一間房子，並以一萬的月租把這間房子租給了一個韓國公司的總裁。

丹尼太太借清潔工這個平台延伸出的另一項業務是賣保險。公司裡面有不少員工都已經跟著丹尼太太買了幾萬元的保險。

清潔工不是丹尼太太鍾愛的工作，但是她整合資源的能力比任何一家公司的CEO都不差——她能夠非常敏銳地發現利潤來源、尋找適當的客戶、選擇合理的溝通方法以及適時的轉變經營項目。她這種利用現有優勢做好每一件手頭工作的智慧值得我們每一個人學習。

那麼，我們如何像丹尼太太那樣有效地利用現有資源，將手頭的工作做好呢？首先我們應該做的就是認識自己的公司，找到它每一個值得我們學習的地方，我們可以這樣做：

一、瞭解公司的情況

要找到公司值得學習的地方，光是在公司認真工作是不夠的。我們還應該花點時間在網上或圖書館裡查閱有關所在公司的情況，盡可能多地瞭解一些資訊，包括它的產品、規模、收入、聲譽、形象、管理人才、員工、技能、歷史以及所信奉的企業文化等。特別是瞭解公司在整個行業中的位置，以及別人或者別的公司對於自己所在公司的評價。

二、與同事積極合作

公司是一個團體，你就像其中的一隻小螞蟻，是微不足道的，只有你和另外一群螞蟻聯合起來，才能有所作為。因此，你應該不只關心自己的工作，也應該知道同事在哪裡工作，觀察他們怎樣工作，諸如櫃檯接待人員怎樣問候陌生人之類的事情也可能對您有所啟發，這都是你平時手頭上應該做好的工作。

三、尋求優秀者

優秀者不一定身居高位，他們在經驗、專長、知識、技能等方面比我們略勝一籌，也許是你的同事、同學、朋友、引薦人，他們或物質上給予、或提供機會、或予以思想觀念的啟迪、或身教言傳潛移默化。有了強者的幫助，一來容易脫穎而出，二則縮短成功的時間，三是在危機能夠在第一時間找到強援。

四、背景學習

無論大小，每個公司都有它的背景，每個公司都有它的中心人物和故事，都體現著公司的核心價值。這些故事講了些什麼？是巨大的成功？卓越的服務？還是商業策略上的競爭？這些故事本身會告訴我們有關公司的許多事情，值得去思考去學習。

「我為什麼要坐在這裡？」、「我為什麼要工作？而且，還是為了這樣一個公司？」、「如果我離開這裡會不會更好？」當這些問題經常出現在腦海裡時，說明關於工作上的苦惱已經和你糾纏在一起了。這表明你對於自己所從事的工作已經失去了興趣和激情，沒有了工作的熱忱，此時，你的敬業精神就開始接受最大的考驗。

出現了這樣的問題，你不妨提醒自己知足常樂，因為無論公司大小，工作好壞，你已經站在了前程的起跑線上了，而你所要做的，就是把自己手頭的工作做好，像丹尼太太那樣，充分地利用現有的資源，如果你能這樣做的話，那麼，成功與卓越就離你不遠了。

03 只會呆板執行的員工最易受輕視

第二次世界大戰期間，美國海軍陸戰隊上將羅伊・蓋格在一次訓話中講到：「你們只有一個腦袋，必須要有兩種功能，我要求你們用左腦去服從，用右腦去創造！」

將服從與創造完美結合，尋找最佳方式，漂亮地完成任務是每個陸戰隊員的目標。同樣，在現代社會，只會被動服從的員工是不會被委以重任的，只有那些能夠在執行中充分發揮主觀能動性和創造性的員工才能夠脫穎而出，獲得認可。

在二戰期間，一艘美國驅逐艦停泊在某國的港灣，那天晚上萬里無雲，明月高照，一片寧靜。一名士兵例行巡視全艦，突然停步站立不動，他看到一個烏黑的大東西在不遠的水上浮動著，他驚訝地看出那是一枚觸發水雷，可能是從一處雷區脫離出來的，正隨著退潮慢慢向著艦身中央浮來。

他迅速抓起艦內通訊電話機，通知值日官，值日官很快地通知了艦長，並且發出全艦戒備信號，全艦立時動員了起來。官兵都愕然地注視著那枚慢慢漂近的水雷，大家都瞭解眼前的狀況，災難即將來臨。

軍官立刻提出各種辦法。他們該起錨開走嗎？不行，沒有足夠的時間。發動引擎使艦身和水雷漂離開嗎？不行，因為螺旋槳轉動只會使水雷更快地漂向艦身。以槍炮引發水雷？也不行，因為那枚水雷太接近艦裡面的彈藥庫。那麼該怎麼辦呢？放下一艘小艇，用一根長杆把水雷移走？這也不行，因為那是一枚觸發水雷，同時也沒有時間去抓水下水雷的雷管……悲劇似乎是不可避免了。

突然，一水兵想出了比所有軍官所能想的更好的辦法。「把消防水龍頭拿來。」他大喊著。

大家立刻明白這是一個明智的辦法。他們向艦艇和水雷之間的海上噴水，製造一條水流，把水雷帶向遠方，然後再用艦炮引爆了水雷。

這位水兵雖然身分卑微，但他卻利用自己的冷靜和智慧換救了全艦人員的生命。我們每一個人的身體內部都有這種天賦的能力。也就是說，我們每一個人都有創造的潛能。在執行的過程中，不論有什麼樣的困難或危機影響到你，只要你認為你行，你就能夠處理和解決這些困難或危機。只要對你的能力抱著肯定的想法就能發揮出積極心智的力量，並且因而產生有效的行動，那麼無論你在哪裡，做什麼事情，你都能始終保持熱情，最大限度地發揮自己的創造潛力，使最平凡的你創造出非凡的執行力。

04 老闆會喜歡在問題中成長的員工

我們在工作中經常會遭遇很多次問題和失敗，例如本來你是朝著這個方向努力，偏偏卻出現另外一個結果，甚至可以說與當初的目標南轅北轍。遇到這種結果，很多人肯定認為是失敗了。但是，一個充滿創意的頭腦，卻能對這種看來失敗的結果，進行分析和利用。於是，問題就可以變成你事業上一個重要的成長機會。

梅里茲是美國一家著名公司的技術開發人員，有一次，他參與了公司一項黏度超強的黏膠研製工作，誰知不但沒研製出超強度黏膠，反而研製出了一種黏度超弱的黏膠。公司認為這種黏膠毫無用處，只能當廢物處理掉。但梅里茲不死心，雖然他暫時還說不出它有什麼用處，但他覺得這種黏膠肯定會對人們有某種幫助。

正好他有一位朋友參加唱詩班，他常常把小紙條夾在歌本裡，以便很快能找到自己所要唱的詩，但苦於小紙條老是掉出來。於是，梅里茲靈機一動，將自己所研製的超弱黏膠製成一自黏性書籤——將它黏在小紙條上，不但可以當成不會掉的書籤，而且撕開時很方便，不會損壞歌本。

梅里茲進一步研究，又將這種黏膠製成自黏性便條紙。結果這種產品一上市，就風靡了整個美國，並走向了全世界。許多人紛紛放棄使用圖釘和迴紋針，轉而用這種方便快捷的東西。梅里茲這項自黏性便條紙的發明為公司帶來了豐厚的利潤，在相當長的時期一度成為公司的主打產品。

本來是要研究超強的黏膠，結果反倒出現了超弱的黏膠。雖然梅里茲的研究並沒有按照預先設想的目標順利發展而是出現了大問題，與原計劃背道而馳。然而面對這樣的危機，梅里茲並沒有灰心，而是積極地尋找突破，終於把一項原本失敗的產品做成了公司的一項金牌產品。梅里茲本人也因為這件事為自己的職業生涯贏得了一次寶貴的機遇。

梅里茲的故事告訴我們，工作中很多的失誤往往會隱藏著許多對我們有用的資訊，如果我們能夠將其挖掘出來，就能夠反敗為勝，為我們的工作帶來轉機。

在清朝順治年間，有位王姓青年到北京的一家剪刀作坊裡當學徒。有一天，師娘為他師傅燉了一隻雞，雞燉好了端出來，放在他和師傅打造剪刀的桌子上晾著，桌子下面是盛著雞血的盆。

在工作中，一不小心，這位王姓青年失手將剪刀掉進了雞血盆裡。他慌亂中彎腰去撿，又碰翻了桌上的雞湯，滾燙的雞湯濺到了他的臉上，燙得他滿臉的水泡。當他從雞血裡撈出剪刀擦乾後發現，這把剪刀格外明亮鋒利，似乎都能吹毛斷髮。從這次失誤中他發現，把打造好的剪刀放在動物的血裡會使其更加鋒利。從此以後，他打造的剪刀越來越暢銷，名氣也越來越大。因為他臉上被雞湯所燙，起了一臉麻子，人們因此稱他打造的剪刀為「王麻子剪刀」。到了後來，「王麻子剪刀」還成為了一個著名的剪刀品牌。

工作中的失誤往往蘊含很多有助於我們個人成功的資訊，一個聰明的人應當善於反思，自己工作中出現的問題，並從中獲益並成長。因此，一旦在工作上出現了失誤，我們要積極地分析失誤的緣由，化被動為主動，讓工作向更好的方向發展。

05 敢於質疑會讓老闆眼前一亮

國內一位知名企業的人力資源主管曾經說過，在企業中提升最快的往往是那些善於發現問題，解決問題，具備強烈的任務意識的員工。

要發現問題，就需要有一定的懷疑精神，要敢於質疑自己的工作，自己是不是在做公司發展最需要的事，自己目前的工作有哪些需要改進的地方，自己對公司的經營和管理有沒有什麼合理的意見和建議等等。只有不斷地質疑自己的工作，才能發現工作中潛在或者已經存在的問題，才能更有效地推動企業的發展。

質疑工作是完善自己工作的前提。在微軟公司的一次專案會議上，總經理要他的下屬們針對自己的工作談一些看法，有一個部門經理站起來慷慨陳詞地說：「我現在對自己所從事的這項工作產生一些懷疑。在這兩年之中，在首席執行官的指導下，每個部門都接到了上百個專案，有許多專案都投入大量了人力資源和資金，但往往進行到中途便不了了之，這樣下去，會毀了公司。我們難道不能抓一些大一點的項目？又或者我們能不能為每一個部門分配一些不浪費人力資源和資金，又能迅捷見到效益的項目？這些項目不必太多，只要能見到效益，又不會浪費我們的時間和精力，這對我們的發展有莫大的好處。」

這位經理的一番話，震憾了總經理和坐在周圍的各位部門經理，他們都為這位經理勇於負責的工作精神所感動。

整個下午，大家都放棄了原先開會的議題，針對這位經理所提出的問題，進行分組討論，重新制定戰略目標，結果經過重新調整戰略規劃後，為公司節省了許多開支，加快了公司發展的步伐。

一名優秀的員工，應當像例子中的這位部門經理一樣，要敢於質疑自己的工作，這樣才能在工作中發現問題並提出合理的建議，也才能在工作中不斷培養出自己的創新能力，並取得驕人的業績。

在公司中，很多人都以為自己做得已經足夠好了……但真的是這樣嗎？一個優秀的員工不應當滿足自己尚可的工作表現，而是應當不斷地關注自己工作的實際效率，不斷地發現問題，提出合理的意見。當然，這也是實現自我提升當中一個很重要的步驟。自我督促的壓力能夠讓你感到興奮和充滿活力，時刻充滿著渴望往更高要求挑戰的勇氣。

明宗和鎮文是一家大型跨國公司裡的兩名優秀職員，在對待工作上，都能夠盡職盡責。不過，他們兩個人的差別就在於，明宗認為自己盡職盡責地完成了自己崗位上的工作後，便覺得自己的工作已經努力到家了，而鎮文則要求自己在盡職盡責之外，還應當不斷地發現公司經營管理上的一些失誤和漏洞，認為只有這樣，才稱得上是對公司負責。

鎮文在工作之中，經常認真尋找一些組織管理中的漏洞和失誤，並從中找出一些具有挑戰性的問題。儘管他這種做法，常常令上司和同事頭痛，但是他的這種負責精神卻為公司減少了許多不必要的損失。

值得一提的是，有一次公司高層制定了一個戰略規劃，準備研發一種新型的膠印機械。這個方案已經全部做好，款項也陸續到位了。

但是，鎮文在工作剛剛開始時，便對所要開發的這個產品產生了懷疑。他認為，從自己所瞭解的情況看，這個專案在操作上有許多倉促之處。再加上高管層在制定這個項目計劃時，沒有對所研發的產品進行詳細的論證，這將會造成產品剛開發出不久，就可能被市場淘汰。因此，他詳細地把自己對這個產品的懷疑之處寫出來，並提出了許多的建議，交給上司。

由於他的見解深刻，公司高層重新召開了研討會，對市場狀況和這個專案重新進行論證，又經過專家的審查鑑定，這個專案最後被放棄了，而鎮文的行為也打動了公司的管理層。兩年後，他成了這家公司的一位部門經理，社交的範圍更廣泛了。而明宗，仍然只是一名業務主管。

職場中謹小慎微的專家認為，要想保住自己的一切，就要按照熟悉的一切工作，不要打破工作的秩序，也不可輕易嘗試新的方法，更不要承接那些自己從來沒有做過的事情，否則，就有可能被撞得頭破血流。固然，循規蹈矩的人用大家習慣的做法處理自己的工作，一般不會犯大的錯誤。但僅做到不犯錯誤，是不可能有太大發展機會的。

在現今這種競爭激烈的商業社會裡，公司和個人都面臨著巨大的壓力，只有一個對公司持有認真負責態度的員工，在工作中不斷質疑自己的工作，才能夠幫助公司完善體系，適應市場變化，增強競爭力，推動公司向前進。

06 沒有創造力的員工不會受重視

日本JR電車每碰到下雨天一定會在車內廣播：一成不變的廣播詞有何意義呢？這個廣播無非是要提醒乘客注意，不要將傘遺失在車上了。但因為例行公事而了無新意，因此導致乘客出現聽覺「麻木」，丟傘事件在車上時有發生。於是，好的想法提出來了：如果在廣播中改口說：「目前送到東京車站的遺物管理處的雨傘，已超過三百把，請各位注意自己手邊的傘。」這樣，乘客們一定會洗耳恭聽。

真的想要提醒乘客「不要忘了自己的傘」，就應該採取好的廣播方式，或其他更好的方法。同樣，我們的工作多半是例行公事，很容易陷入因循化。人一旦習慣了某些老規矩後，就難有嶄新的構想。

老闆都喜歡能夠提出新思想、將工作進行創新的員工，因為這不僅能夠解決工作中的實際問題，使個人的工作「增值」，而且還十分有利於啟動競爭活力，對企業的總目標做出貢獻。善於創造性地工作，是一個公司不可缺少的新生的重要力量。

在最具實力的世界五百大企業當中，因為每家公司所從事的領域和特點不同，在招聘員工時側重點也就會不一樣。但即使這樣，各公司在對新進員工考核時，有一點是不謀而合的，那就是都喜歡聘用那些有創意，善於創造性解決問題的員工。

那麼，究竟什麼是創意呢？簡單地說，所謂創意就是要敢於創新，勇於打破常規。事實證明，只有哪些具有無限創意的人才能夠在工作中提出革新性的問題，才能取得老闆的青睞。打破常規，不按常理出牌，突破傳統思維的束縛，哪怕是一個小小的突破，也會產生非凡的效果。日本東芝電氣公司的一個小職員，就因為一個不太起眼的創意，為我們提供了一個成功的實例。

日本的東芝電氣公司一九五二年前後曾一度積壓了大量的電扇賣不出去，七萬名職工為了打開銷路，費盡心機地想辦法，但依然進展不大。

有一天，一個小職員向當時的董事長石板提出了改變電扇顏色的建議。在當時，全世界的電扇都是黑色的，東芝公司生產的電扇自然也不例外。這個小職員建議把黑色改成為淺色。這項建議立即引起了石板董事長的重視。

經過研究，公司採納了這個建議。第二年夏天，東芝公司推出了一批淺藍色電扇，大受顧客歡迎，市場上甚至還掀起了一陣搶購熱潮，幾十萬台電扇在幾個月之內一銷而空。從此以後，在日本以及在全世界，電扇就不再都是統一的黑色面孔了。

此實例具有很強的啟發性。只是改變了一下顏色，就能讓大量積壓滯銷的電扇，在幾個月之內迅速成為暢銷品！誰曾想這項改變顏色的設想，效益竟如此巨大！而提出它，既不需要有淵博的科技知識，也不需要有豐富的商業經驗，為什麼東芝公司的其他幾萬名職工就沒人想到、沒人提出來？為什麼日本以及其他國家有成千上萬的電氣公司，以前也都沒人想到、沒人提出來？這顯然是因為行業慣例使然。

電扇自問世以來就以黑色示人，各廠家彼此仿效，代代相襲，漸漸地形成一種傳統，似乎電扇只能是黑色的，不是黑色的就不成其為電扇。這樣的慣例與常規，反映在人們頭腦中，便形成一種心理定勢。時間越長，這種定勢對人們的創新思維束縛力就越強，要擺脫它的束縛也就越困難，越需要做出更大的努力。東芝公司這位小職員所提出的建議，從思考方法的角度來看，其可貴之處就在於，它突破了「電扇只能漆成黑色」這一思維定勢的束縛。

有時候，一個簡單的創新就有可能給你帶來意想不到的成功。

文娟在一家公司做會計，公司的貿易業務很忙，節奏也很緊張，往往是上午對方的貨剛發出來，中午帳單就傳真過來了，隨後才是快遞過來的發票、運單等。她的桌子上總是堆滿了各種「討債」單。

討債單實在太多，而且都是千篇一律地要錢，她常常不知該先付誰的好。經理也一樣，總是大概看一眼就扔在桌上，說：「妳看著辦吧。」但有一次經理卻馬上說：「先付給他。」而這也是僅有的一次。

那是一張從巴西傳真過來的帳單，除了列明貨物標的價格、金額外，大面積的空白處寫著一個大大的「SOS」，旁邊還畫了一個頭像，頭像正在滴著眼淚，線條雖然簡單，卻很生動。這張不同尋常的帳單一下子引起了會計的注意，也引起了經理的重視，他看了便說：「人家都流淚了，以最快的方式付給他吧。」

經理和會計心裡都明白，這個討債人未必在真的流淚，但他卻成功了，一下子以最快的速度討回了大額貨款。因為他多用了一點心思，把簡單的「給我錢」換成了一個富含人情味的小幽默、小花絮，僅此一點，就讓自己從千篇一律中脫穎而出。

創新是成功者的第一品質。調查公司的調查顯示，成功者必須具備的特徵是：創新精神、敢於標新立異、熱愛所從事的工作、漠視財富的累積、有較強的學習能力、樂於面對挑戰和對知識的不斷更新增值。

07 期望老闆擔當主攻手是不可能的

工作中，老闆看得是業績，要得是結果。因此，作為一名優秀的員工應當認清自己的工作使用，做公司發展需要的事，把問題留給自己，把業績留給老闆。然而工作中只有極少數人能夠做到這一點。我們總是很容易遇上許多懷才不遇的人，他們身上具備很多優秀的品質，他們也充滿激情和夢想，可是他們總是做得不盡如人意，也得不到老闆的賞識。相的，總有比他們平庸的人獲得成功。所以他們常常因此埋怨自己，為什麼上天不垂青於我？

實際上，這是因為他們只關注自己「我做了什麼」，而不關注自己「我做到了什麼」，只懂得統計自己的工作量，而不知道老闆和公司真正需要的結果是什麼。當然，他們也無法取得讓老闆滿意的業績。

員工在工作中會面臨很多要求，但最基本的要求就是為什麼提供需要的結果。老闆安排你做一個工作，實際上是想要你提供這個工作的結果。但是很多人卻陷入了一個小心理陷阱：因為公司與員工之間，不是採取公司之間那種討價還價的交換，我們就認為公司與自己之間不是商業交換，而是「一家人」。只要做事，盡力就算是有業績了，至於是不是達到了公司想要的結果，那就不是自己所關心的了。

事實上，認為在工作中對任務負責，而不是對結果負責，這是對自己工作價值認識上的一個錯誤。要知道，雖然公司與員工不是在每一件事上都採取直接的討價還價關係，但員工應當清楚地知道，自己既然拿了公司的工資，就應當提供相應的價值。只有抱著這樣心態去理解自己的工作，才能解決好工作上的問題，完成自己的工作使命。

工作中，有很多人只看到一份工作的許可權和職責要求，而看不到這個崗位背後所承載的意義和作用，即工作使命。對工作使命認識不清導致了這樣的結果：很多員工雖然任務執行的很「出色」，但仍然是將一大堆的問題留給了公司和老闆，這也就是「做什麼」與「做到什麼」之間的矛盾。

林克是一家著名的管理諮詢公司的業務經理。他有一個習慣，就是每次在接受客戶的委託之前，總要先花點時間去拜訪該客戶組織的高級主管。在問了一些有關業務委託方面的問題之後，林克總會向這些高級主管提些諸如「你們公司現在聘用的員工數量是根據什麼做出的」之類問題。據林克統計，大部分主管的回答是「我負責的是財務」，或「我主管的是銷售」。還有一些人回答是「我掌管的員工是一百名」。只有很少的一部分人才會說：「我的責任是向管理者提供決策所需要的正確資訊。」或者是「比去年的任務量提升三十%是我的責任」。

這兩種不同的回答反應了人們對待工作價值認識上的差異。正是這種認識上的差異導致了把問題留給老闆還是把業績留給老闆這兩種行為上的差異。那些清楚自己工作使命，把業績留給老闆的人比較看重貢獻，他們會將自己的注意力投向公司及個人的整體業績，而不是自己的報酬和升遷。他們的視野廣闊，在工作中，會認真考慮自己現有的技能水準、專業，乃至自己領導的部門與整個組織或組織目標應該是什麼關係，進一步，他們還會從客戶或消費者的角度出發考慮問題。這是因為，不管生產什麼產品，提供什麼服務，其目的都是為了替消費者或顧客解決問題。

那些把業績留給老闆的員工會經常自我反省「我究竟做到了什麼」，這有利於他們提高工作責任感，充分發掘自己具備但還沒有被充分利用的潛力。相反的，那些把問題留給老闆的員工，他們不清楚自己的工作使命，只知道將任務完成就可以交差了。這種心態致使他們不但不能充分發揮自己的能力，還很有可能把目標搞錯，以致於業績南轅北轍。

08 不能解憂，老闆會覺得你沒有價值

在古羅馬時代，一位有名的預言家在一座城市的廣場上設下了一個奇特難解的結，並且預言，將來解開這個結的人必定是亞細亞的統治者。眾人都非常相信預言家的話，於是，此後很長的一段時間內，有許許多多的人來嘗試解開這個結，可是最後都一無所獲。

當時身為馬其頓將軍的亞歷山大，也聽說了有關這個結的預言，於是他率領著他的士兵進駐了這個城市。之後他獨自一人騎著馬來到了這個廣場上，他想盡各種辦法試圖解開這個結，可是他一次又一次地失敗了，這顯然令他有些惱火。

幾個月過去了，亞歷山大作好了充分的準備。他又一次來到了這個廣場，用他考慮很長時間的那些方法，去解那個結，可是這一次他又失敗了。他久經沙場，戰無不勝，想不到卻被這一個小小的死結給難住了，想到這些他氣憤至極，恨恨地說：我再也不要看到這個結了。說完，他抽出了身上的佩劍，一下將那個死結切成了兩半——結終於被打開了。果然不出預言家所料，之後不久，亞歷山大統治了整個亞細亞。

亞歷山大揮劍砍斷羅馬結的例子給我們這樣一個啟示，解決問題的關鍵不在於問題本身，而在於我們沒有解開自己的心結。有一位智者說，這個世界上有兩種人。一種人是看見了問題，然後界定和描述這個問題，並且抱怨這個問題，結果自己也成為了這個問題的一部分。

另一種人是觀察問題，並立刻開始尋找解決問題的辦法，結果在解決問題的過程中自己的能力得到了鍛鍊、品質得到了提升。你是要像亞歷山大一樣，勇於解決問題，讓自己成為問題的主宰，還是向問題妥協，讓自己成為問題的一部分，其決定權完全在你手中。

作為公司的一員，你要想讓老闆器重自己，就必須想方設法使他信任你，而要想使老闆信任你，就必須讓自己做到面對問題能聲色不變，處之泰然，並妥善解決。而不是把問題留給老闆去解決。這樣，你才能讓自己成為老闆身邊不可或缺的人。善於動腦子分析問題並能妥善解決問題，不把問題留給別人的員工，無論在什麼時候，都會是老闆青睞的對象。

如果面對問題，你總是不能妥善解決，那麼問題就會成為你工作的負擔，這樣，不只是你本人的不幸，也是老闆的不幸。因為企業在發展過程中，會不可避免地遭遇到各種問題的困擾。它們的出現，就像太陽日升夜落般自然。所以，老闆們迫切需要那種能及時化解問題的人才。

從根本上來說，老闆欣賞處事冷靜，善於解決問題的員工。所以，工作中遇到林林總總的問題時，不要幻想逃避，不要猶豫不決，要敢於做出自己的判斷。對於自己能夠判斷，而又是本職範圍內的事情，大膽地去拿主意，不必全部稟明老闆。否則，那只會顯得你工作無能，也顯得老闆領導無方。讓問題在你那裡解決掉吧，解決了這些問題，你才能迎向新的契機。否則，你註定要被打入冷宮。而當周圍的人們都喜歡找你解決問題時，你無形中就建立起善於解決問題的好名聲，取得了勝人一籌的競爭優勢，老闆必知道你是個良才。

「與其詛咒黑暗，不如點起一支蠟燭」，這句話是克里斯多夫斯的座右銘，它也應當成為指導我們工作和生活的一條準則。經由詛咒和抱怨我們什麼也改變不了，黑暗和恐懼仍然存在，而且還會因為人們的逃避和誇大而增加問題解決的難度。

然而，如果我們果斷地採取行動，及時尋找解決問題的辦法，哪怕只做了一點點努力，也會使我們朝著克服困難、解決問題的方向邁進一步。同時，還可能在積極努力的過程中尋找到不同的、更便捷的解決問題的方式。

09 迴避問題會使你遠離老闆的信任

生活中和工作中有很多的問題會等著我們去解決。在這種情況下，明智之人不會去祈求生活一帆風順和萬事如意，他們只祈求當每個問題發生時，都有面對的勇氣與毅力，以及解決問題的智慧。

卡爾是一家管理培訓機構的學員，他每天都要面對眾多的工作問題。有一天他向他的老師抱怨說：「我現在都快被問題煩死了，人生要是沒有問題那該是多麼輕鬆。」

他的老師說：「你如果想輕鬆，只有一種可能，那就是死亡，因為只有死人才沒有任何問題。不要害怕問題多，問題越多證明你的思考能力越強，越能使你充滿活力。」老師的一番話改變了卡爾對問題的一貫看法，使他以後不再害怕和逃避任何工作上的問題。

邁爾・戴爾在培訓員工時常常說：「不要粉飾太平。」他的意思是說，我們不要試圖把錯誤的事情用各種理由加以美化，即使暫時掩蓋了真相，然而問題卻遲早會出現，所以直接面對最好。每當他的經營出現問題後，他都會以積極的態度正面迎接，而不是強調理由逃避，也從不找藉口搪塞。他以這種斬釘截鐵的態度去面對所有錯誤，坦白承認說：「我遇到問題了，我負有責任，因此我必須進行修正。」他很清楚，如果自己不這麼做，別人這樣做了，成功就會屬於別人。

迴避問題並不能使問題得到解決，相反的，還可能因為拖延而使問題變得更嚴重。所以面對問題，只有積極行動才能發現正確的解決之道。邁爾・戴爾認為，在問題背後強調理由，是世界上最沒有影響力的語言。如果用兩種方式表述工作中面臨的同一問題，一種是對問題的客觀分析以及改善建議，另一種則是消極地強調理由，無論你是作為老闆還是員工，你會喜歡哪一種？搪塞職

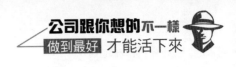

責的人註定與成功無緣，因為他使用了一個低能者所慣用的生存工具——抱怨，這只會令人迷失解決問題的方向。

因此，如果問題到來之前我們沒有做好充分的準備，當問題已經發生時，除了勇敢地承擔責任和解決問題之外，不應找任何理由來證明問題與自己無關。這樣，只會導致你將問題推給別人。

拿破崙・希爾認為，外界的挫折和困難無處不在，成功的機會與這些挫折和困難相隨，你面臨的最大問題既不是困難過於強大，也不是機會之神不眷顧，而是你自己的怯懦和退縮。認清這一點，你就會發現，在問題面前，自己所有能夠想到的理由都不堪一擊。當問題已經到來時，任何理由都站不住腳，更何況，這些理由不但不能使你擺脫問題，而且還會讓問題更加惡化。

一天，一對年輕夫婦頂著瓢潑大雨來見智者，原來是這對夫婦家的房子早就漏水了，如今被雨水猛烈衝擊，家裡的許多東西都被水淹了。

這對夫婦不斷爭吵，互相埋怨，他們來找智者的目的就是讓智者來評一評到底是誰使家中遭受如此嚴重的災難，關於這個問題他們已經吵了一整天。

智者對他們說：「如果你們不是互相埋怨，而是齊心協力地及早解決問題，如果你們是把爭吵的時間和精力用在修補房子上，那你們今天就可以在房間裡享受家庭的溫馨了。」

無論是抱怨還是逃避都不能使問題消失或者變小，相反，它只會因為抱怨和逃避、拖延而更加惡化。當問題來臨時，所有的推脫、指責、抱怨都遠遠不如及時解決更有效。每一個問題之中都藏著解決的辦法，只要你真正拿出行動，用積極的心態去面對，事情就終有解決的時候。

10 公司討厭的是遺留問題的人

美國總統杜魯門上任後，在自己的辦公桌上擺了個牌子，上面面寫著「book of stop here」，翻譯成中文是「問題到此為止」，意思就是說：「讓自己負起責任來，不要把問題丟給別人。」把這句話引申到職場上，讓問題止於自己，不把問題留給老闆是一個人不可或缺的職業精神。大多數情況下，人們會對那些容易解決的事情負責，而把那些有難度的事情推給別人，這種思維常常會導致我們工作上的失敗。

有一個著名的企業家說：「員工必須停止把問題推給別人，應該學會運用自己的意志力和責任感，著手行動，處理這些問題，讓自己真正承擔起自己的責任來。」讓問題止於自己的行動，不把問題留給別人的最佳典範是給加西亞將軍送信的安德魯・羅文中尉。這個被授予勇士勳章的中尉最寶貴的財富不僅是他卓越的軍事才能，還有他令人欽佩的職業精神。

那是在多年前，美西戰爭即將爆發，為了爭取戰場上的主動，美國總統麥金萊急需一名合適的送信人，把信送給古巴的加西亞將軍。軍事情報局推薦了安德魯・羅文。羅文接到這封信之後，沒有提出任何完成任務的困難，孤身一人出發了。整個過程是艱難而又危險的，羅文中尉憑藉自己的勇敢和忠誠，歷經千辛萬苦，衝出敵人的包圍圈，把信送給了加西亞將軍——一個掌握著軍事行動決定性力量的人。

羅文中尉最終完成任務，憑藉的不僅僅是他的軍事才能，還有他在完成任務過程中所表現出的「一定要將問題解決」的敬業精神。

除了一定要將任務執行到底的決心和意志之外，一名不把問題留給老闆的員工在面臨工作中林林總總的問題時，還應當有自己的主見。

美國鋼鐵大王安德魯・卡內基年輕的時候，曾經在鐵路公司做電報員。有一天正好他值班，突然收到了一封緊急電報，原來在附近的鐵路上，有一列裝滿貨物的火車出了軌道，要求上司通知所有要通過這條鐵路的火車改變路線或者暫停運行，以免發生撞車事故。

因為是星期天，一連打了好幾通電話，卡內基也找不到主管上司，眼看時間一分一秒地過去，而正有一次列車開往出事地點。此時，卡內基做了一個大膽的決定，他冒充上司給所有要經過這裡的列車司機發出命令，要他們立即改變軌道。按照當時鐵路公司的規定，電報員擅自冒用上級名義發報，惟一的處分就是立即開除。卡內基十分清楚這項規定，於是在發完命令後就寫了一封辭職信，放到了上司的辦公桌上。

第二天，卡內基沒有去上班，卻接到了上司的電話。來到上司的辦公室後，這位向來以嚴厲著稱的上司當著卡內基的面將辭職信撕碎，微笑著對卡內基說：「由於我要調到公司的其他部門工作，我們已經決定由你擔任這裡的負責人。不是因為其他任何原因，只是因為你在正確的時機做了一個正確的選擇。」

老闆聘用一個人，給他一個職位，給他與這個職位相應的權力，目的是為了讓他完成與這個職位相應的工作，妥善及時地解決工作中出現的問題，而不是聽他講關於問題長篇累牘的分析。

一九九九年，曾是美國第一大零售商的凱碼特開始顯露出走下坡路的跡象，有一個關於凱瑪特的故事在廣泛流傳。

在一九九〇年的凱瑪特總結會上，一位高級經理認為自己犯了一個「錯誤」，他向坐在他身邊的上司請示如何更正。這位上司不知道如何回答，便向上級請示：「我不知道，您看怎麼辦。」而上司的上司又轉過身來，向他的上司請示。這樣一個小小的問題，一直推到總經理帕金那裡。帕金後來回憶說：「真是可笑，沒有人積極思考解決問題的辦法，而寧願將問題一直推到老闆那裡。」

二〇〇二年一月二十二日，凱瑪特正式申請破產保護。凱瑪特的破產有很多管理和運作上的問題，但是公司內部流行的「把問題留給老闆」的辦事作風有著莫大的關係。

美國肯塔基豐田裝配廠的管理者邁克•達普里萊把豐田生產方式描述為三

個層次：技術、制度和哲學。他說：「許多工廠裝了緊急拉繩，如果出現問題，你可以拉動繩子讓裝配線停下來。五歲的孩子都能拉動這根繩，但是在豐田的工廠裡，工人被灌輸的哲學是，拉動這根繩子是一種恥辱，所以人人都仔細操作，不使生產線出現問題，所以那根繩子潛在的意義遠遠大於它的實際作用。」

在這裡，是否拉動這根繩子，其實體現的是對待工作的態度問題。一個對工作積極負責，不把問題留給別人的員工是不容許自己去拉動這樣的緊急拉繩的，相反，他們會使出自己所有的辦法，讓問題止於自己的行動。

在老闆眼中，沒有任何事情能夠比一個員工處理和解決問題，更能表現出他的責任感、主動性和獨當一面的能力。一個經常為老闆解決問題的人，當然能得到老闆的青睞。首先，他沒有讓問題延誤，釀成大患；其次，他讓老闆非常省心省力，老闆因此可以把精力集中到更重大的問題上。有了這樣的員工，老闆就少了很多後顧之憂。

11 老闆都希望下屬能夠獨當一面

老闆給了你一個位置，就是希望你能為他排憂解難，在需要你的時候能夠獨當一面，將問題妥善解決。

所謂獨當一面，即是在老闆的統一指揮、統籌安排下，按照老闆的授權範圍，能夠獨立地、恰當地處理各類業務問題。而不是事無巨細均向老闆請示彙報。

事實上，一個企業的工作千頭萬緒，十分繁雜，特別是那些擁有一定規模的企業，老闆一個人不可能，也不必要把各項工作的處置權都抓在自己手裡。

現代企業講究分權治理，民主管理。只有那些落後的、愚昧的老闆，才會採取集權的管理模式。

因此，那些開明的擁有現代意識的老闆，總是敢於和善於選賢任能，並放手讓他們獨當一面，進而發揮群體優勢，使企業生機勃勃、一往無前。而一些優秀的員工也總能夠不辱使命，將老闆交代的任務圓滿完成。

現代化企業分工日益明顯，這使得能夠獨當一面，逐漸成為一種必備的職業素質。在現代企業中，老闆只是在宏觀上把握全域，而具體的每一部分工作都是員工分工負責。而這種工作的獨立性使得你必須能獨當一面才行，這也是你在單位立足和升職的必備素質。

如果你能在如財務、英語、電腦方面有一技之長，老闆會覺得這方面離開你不行，這樣才能認識到你的價值，你在老闆心目中的地位才能鞏固和加重；其次，一個人做員工可能只是一種「過渡」，在「過渡」期內累積工作經驗和訓練自己的各方面能力也很關鍵。

一個員工將來要成功地走上老闆的地位，也要有獨當一面的能力。如果你沒有這種能力，不僅無法讓老闆省心，反倒給老闆帶來了包袱。所以，在工作中有獨當一面的能力，才能讓老闆器重你，讓別人佩服你。

有著「世界經理人的經理人」之稱的通用公司前總裁傑克・韋爾奇在掌管GE的漫長歲月裡，許多人離開，許多人加入，也曾經有過大幅度的裁員。哈克・摩爾在GE工作的時間比傑克・韋爾奇更長，他早來了三年，一開始他的職位是一位副經理的第三祕書，但在傑克・韋爾奇即將卸任的時候，他已經成為了傑克・韋爾奇最得力的助手和最知心的朋友。

傑克・韋爾奇在自傳中這樣描述哈克・摩力：「他在通用工作的時間比我還要長，直到現在還沒有退休。在漫長的歲月中，他在二十多個崗位上工作過，並不是因為他無法勝任原來的工作而被調離，而是在某個職位出現空缺時，大家總是習慣性地想到他。他也都很快就能勝任新的工作，並且能夠在新的工作中獨當一面。他總是讓人覺得他是一個執行力強，從不把問題留給別人的人。

後來，我把他晉升為我的助手，從他身上我看到了『適應性』的可怕，如果讓哈克・摩爾坐我的位子，他不會比我遜色。他總是能透過自己出色的學習能力，在很短的時間內勝任新的工作。」

哈克・摩爾足所有通用員工的榜樣，同時，也是我們每個人的榜樣。能夠時刻為老闆排憂解難，哪裡需要你就往哪裡去。這樣你將會獲得老闆信任、尊敬和器重！

12 要讓老闆覺得你有遠見

作決策是老闆的事，員工是否也要作決策呢？一名善於為老闆排憂解難的人在問題出現時應當搶在老闆前面思考，幫老闆瞭解情況，理清頭緒，充當「智囊」，而不是將決策壓力留給老闆一人承擔。

那麼，員工如何在老闆決策時替他分擔憂愁呢？為此，員工必須對公司在一定時期面臨的各種問題進行分析：

一、結合公司在某一時期的生產經營活動狀況，研究確定公司面臨的各種問題。

二、對各種問題進行分類排隊，透過比較找出對公司生產經營影響最大、最主要的問題。

三、根據主要問題，研究制定對策，這是確定決策問題的一般過程。由於公司的生產經營活動是連續不斷地進行的，在這一過程中會不斷出現新問題。因此，原先確定的決策問題，隨著時間及其他條件的變化有可能被其他新問題所取代，而降至次要矛盾地位，其他新問題上升為主要矛盾。充分認識到這一點，對員工幫助老闆理清頭緒來說是非常重要的

事實上，決策本身既是一件硬性工作，也是一件彈性工作。對於老闆來說，不能固執行事，應該採取靈活的方法，控制好決策的過程，該先就先，該後就後，做點彈性處理也是公司老闆的智慧所在。但對於員工來說，你要想在決策上幫助老闆，就一定要能對事情拿準主意，只有這樣，才能讓老闆深信你的決策比他的高明，他才會採納。

另外，多掌握資訊，多瞭解情況，當老闆需要的時候，隨時拿出來與老闆交流，也是一個幫助老闆思考決策的必要途徑。因為資訊是預策和決策的「原材料」，無論是問題的提出、分析、預測和方案的擬定、評價和選擇，都是以

有關資訊為依據，預測和決策中的任何一個階段都離不開資訊。下面，我們列出幾種科學、實用的資訊決策方法，以備你工作中使用。

一、去偽存真

就是把自己搜集到的各類資訊，分一下大類，然後按大類分辨真假。將那些明顯虛假的資訊剔除出來，把認為是真實的或基本真實的資訊留下來，然後再細分。

二、對比分析

在瞭解到各種行情後，往往會出現這種情況，就是大家都認為是只有好處、效益又高的經營項目，反而難辨或難以辨成。為了把專案選擇好，就得對資訊和行情進行全面分析、綜台對比。辦法是把經營項目中關於好處、壞處、效益、風險的資訊都條列出來，然後逐條對比，分析各類資訊的主次關係，最後得出結論。

三、投入實驗

如果你認為某個專案不錯，但在經過綜合分析對比後，仍未有確切把握，未能把最真實、最有效的專案選出來，所以無法下決心，怎麼辦？有一個辦法，就是先做前期試驗，進行小範圍、小規模生產經營，根據結果再下決心。這樣，既摸清了行情，又獲取了經驗，給大範圍經營打下基礎。

四、準確預測

俗話說：「做生意要有三隻眼，看天看地看久遠。」任何行情、資訊，都不是靜止不動、固定不變的，而是經常隨著客觀情況的變化而波動。只有站高一點、看遠一點，預先有所準備和打算，才不至於跟在別人後面跑。

13

在關鍵時刻為老闆分憂解難

老闆喜歡那些敢於挺身而出，承擔重大責任和艱巨任務的人。油滑諂媚、善拍馬屁的人或許會獲得一時的寵幸，但遇到實際問題老闆決不會信賴和依靠他們。

公司的每個部門和每個崗位都有自己的職責，但總有一些突發事件無法明確地劃分到哪個部門或個人，而這些事情往往還都是比較緊急或重要的。如果你是一名稱職的員工，就應該從維護公司利益的角度出發，積極處理這些事情。

如果這是一項艱巨的任務，就更應該主動去承擔。不論事情成敗與否，這種迎難而上的精神也會讓大家對你產生認同。另外，承擔艱巨的任務是鍛鍊自己能力的難得機會，長此以往，你的能力和經驗會迅速提升。在完成這些艱巨任務的過程中，你有時會感到很痛苦，但痛苦卻會讓你變得更成熟。

那些不把問題留給老闆的員工，能夠在老闆最需要的關鍵時刻挺身而出，而老闆也會把一些重要的工作留給他們去做。當然，要成為老闆眼中的「關鍵員工」，經得起考驗的專業技術是必不可少的。

曼斯是德國一家工廠的普通技術人員，有一次工廠的電機突然壞掉了，全廠停電，一大幫技術人員圍著電機團團轉，就是找不出毛病，他們使盡了渾身解數仍未能解決問題。正當工廠主打算另請高明時，曼斯毛遂自薦。

曼斯是一個個子矮小，滿臉鬍子，穿著沾滿油漬工作服的員工，他對廠長說：「我可不可以試試？」

許多人都瞧不起他。廠長也帶著一種懷疑的口吻問道：「你幾天能修好？」

曼斯想了想，說：「三天時間吧。」問他用什麼工具，他說只用一把小鐵錘、一支粉筆就行了。

白天，他圍著電機這兒看看，那兒敲敲，晚上他就睡在電機房。

到了第三天，人們見他還不拆電機，不禁懷疑起來，他的同事也要他別打腫臉充胖子了。

一位跟他最要好的朋友也對他說：「修不了就趕快撒手吧！」

可是他笑著說：「別急，今晚就可見分曉。」

當天晚上，曼斯要人們搬來梯子，他爬到電機頂上，用粉筆在一處地方畫一個圈，說：「此處燒壞線圈十八圈。」

技術人員半信半疑地拆開一看，果然如此。因此電機很快就修好了，並恢復了正常運行。

曼斯的好朋友問他為什麼會做到如此神奇，曼斯認真地答道：除了認真掌握專業知識以外，沒有別的好辦法。

廠長覺得這是一個難得的人才，如果把他調到技術部一定會發揮他的才能。於是決定給他一萬元的獎金，並從原崗位升任技術部顧問。

知道如何做好一件事，比對很多事情都懂一點皮毛要強得多。卡特總統在德克薩斯州一所學校作演講時對學生們說：「比其他事情更重要的是，你們需要知道怎樣專注於一件事情並將這件事情做好——與其他有能力做這件事的人相比，如果你能做得更好，那麼你就永遠不會失業！」

對一個領域百分之百地精通，要比對一百個領域各精通百分之一強得多。因此擁有一種專門的技巧，要比那種樣樣不精的多面手容易成功。

一個成功者，他無時無刻地不在這方面力求進步，專注於自己的職業，隨時都注意自己的缺陷，並設法彌補，他只想把事情做得盡善盡美。反之，如果一個人什麼都想做，要顧到這個，又要想到那個，事事只求「將就一點」，結果當然是一事無成。

一個成功的經營者說：「如果你能專注的製作好一枚針，應該比你製造出粗陋的蒸汽機賺到的錢更多。」許多人都曾為一個問題而困惑不解：「明明自己比他人更有能力，但是成就卻遠遠落後於他人？」

不要疑惑，不要抱怨，而應該先問問自己一些問題：

「自己是否專注於自己的工作？」

「自己是否真的走在前進的道路上？」

「自己是否像畫家仔細研究畫布一樣，仔細研究職業領域的各個細節問題？」

「為了增加自己的知識面，或者為了給你的老闆創造更多的價值，你認真閱讀過專業方面的書籍嗎？」

如果答案是肯定的，說明你正在努力提高自己的專業素質，如果答案是否定的，你就要努力提高自己的專業技能，力求做到精通，這樣，在關鍵時刻你就能夠發揮所長，為老闆分憂解難。

14 與上司發生衝突時的解決方式

做人做事必須要有「備用方案」——為自己多考慮幾條祕密頻道。但我們時常可以發現，有些人一般不會找「平衡點」，要想在人與人之間不偏不倚又遊刃有餘，沒有一定的平衡技巧是行不通的。因此，在怎樣對待比較複雜的人際關係問題上，多準備幾手，適度中立，方能有備無患。

人在職場會遇到很多種情況，擁有「備用方案」會讓你遊刃有餘。下面是美國職員克多爾講的關於自己的一個很好的例子：

「您好，」我對老總說：「昨天我交給您的檔案簽了嗎？」老總轉動眼睛想了想，然後裝模作樣翻箱倒櫃地在辦公室裡折騰了一番，最後他聳了聳肩，攤開兩手無奈地說：「對不起，我找過了，我從未見過你的文件。」

如果是剛從學校畢業的我，我會義正詞嚴地說：「我看著您的祕書將檔案擺在桌子上，怎麼會找不到呢？您可能將它捲進廢紙簍了！」可是我現在才不會這樣說呢。既然老總能睜眼說瞎話，我又何必與他計較呢？我要的是他的簽字。

於是我平靜地說：「好吧，我回去找找那份文件。」於是，我下樓回到自己辦公室，把電腦中的檔案重新調出再次列印，當我再把檔案放到傑克先生面前時，他連看都沒看就簽了字，其實他比我更清楚檔案原稿的去向，但我卻一點都不生氣。

是的，用自己的「備用方案」，在關鍵時刻解決問題讓自己從困境中走出來，這就是我們在與上司發生衝突時的解決方式。不要在衝突發生以後一走了之，因為在新環境裡還會出現老問題，到那時你又怎樣呢？也不要為了爭口氣大鬧一場，因為吵鬧無法解決問題，反倒有可能斷送了前途，還是實際些吧！說到實際，誰是誰非並不重要，即便你對了上司錯了，你也要開動腦筋為上司尋找一個下台的台階，無論如何解決衝突的前提是合作！

主動言和，你可以當作是好漢不吃眼前虧，但它還包括更深的層面；適時運用「備用方案」，主動言和是運用智慧尋找衝突的最佳解決方案，使問題最終得以處理；主動言和更需要團隊精神，發揮團隊精神可以使合作得以延續。

在處理衝突的問題上應該冷靜，絕不能像個孩子一樣在衝突中放任自己，要運用自己的智慧和團隊精神與上司及同事儘量合作，讓他們發現你其實是個理想的合作夥伴，這樣做的同時也就給自己創造了一個良好的工作空間。

真正善於做人者都明白「放棄也是一種成功」的道理。有些事情，假如你非要辯解清楚，不僅達不到目的，反而會讓自己傷筋動骨。

擁有「備用方案」能讓你在關鍵時刻擺脫困境，從而避免那些無謂的爭論。世上最大的空耗之一就是與人反覆爭論。如卡內基所說：「爭論的結果使雙方比以前更相信自己絕對正確。要是輸了，當然你就輸了，如果贏了，你還是輸了，因為爭論贏不了他的心。」因此，做人應當避開反覆爭論的空耗。

是的，想想吧，沒有先期的計劃和應對方案，就會讓你手足無措，引發那些無謂的爭論。如果在爭論中你輸了，自然是輸了自己的觀點，無話可說；即使是你贏得了爭論，可是對方卻會因此而認為你這個人性格太張揚，不易接近和相處，以後會因此而疏遠你，更嚴重的還可能覺得你讓他丟了面子，輸了自尊，甚至挫傷了別人的自信心和積極性，因此會怨恨你，對你產生牴觸情緒，也許還想著有一天要伺機報復回來。那麼，你到底贏得了什麼呢？

用備用方案，在關鍵時刻會讓你從容應對並贏得先機。一句箴言：凡事多想一步，多預備應急方案。

「公司絕不會告訴你的祕密

把公司的曖昧徹底說清楚！

黃新愷／編

任何公司都藏有你不知道的祕密。
老闆不告訴你，是因為他不想讓你把什麼事情都看透。
要是想在職場上獲得更明白一些，你就必須認真閱讀本書。

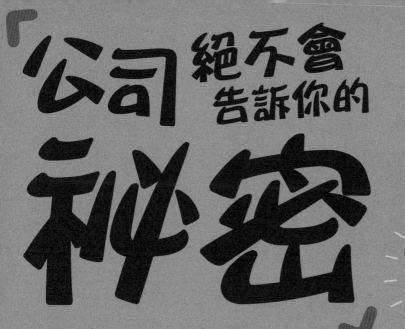

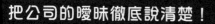

▶ 公司跟你想的不一樣：做到最好才能「活」下來（讀品讀者回函卡）

■ 謝謝您購買這本書，請詳細填寫本卡各欄後寄回，我們每月將抽選一百名回函讀者寄出精美禮物，並享有生日當月購書優惠！
想知道更多更即時的消息，請搜尋"永續圖書粉絲團"

■ 您也可以使用傳真或是掃描圖檔寄回公司信箱，謝謝。
傳真電話：（02）8647-3660　　信箱：yungjiuh@ms45.hinet.net

◆ 姓名：＿＿＿＿＿＿＿＿　□男　□女　　□單身　□已婚

◆ 生日：＿＿＿＿＿＿＿＿　□非會員　　□已是會員

◆ E-mail：＿＿＿＿＿＿＿＿　電話：(　)＿＿＿＿

◆ 地址：＿＿＿＿＿＿＿＿＿＿＿＿＿＿＿＿

◆ 學歷：□高中以下　□專科或大學　□研究所以上　□其他＿＿＿＿

◆ 職業：□學生　□資訊　□製造　□行銷　□服務　□金融
□傳播　□公教　□軍警　□自由　□家管　□其他＿＿＿＿

◆ 閱讀嗜好：□兩性　□心理　□勵志　□傳記　□文學　□健康
□財經　□企管　□行銷　□休閒　□小說　□其他

◆ 您平均一年購書：□ 5本以下　□ 6～10本　□ 11～20本
□21～30本以下　□ 30本以上

◆ 購買此書的金額：＿＿＿＿＿＿

◆ 購自：□連鎖書店　□一般書局　□量販店　□超商　□書展
□郵購　□網路訂購　□其他

◆ 您購買此書的原因：□書名　□作者　□內容　□封面
□版面設計　□其他

◆ 建議改進：□內容　□封面　□版面設計　□其他＿＿＿＿

您的建議：

剪下後傳真、掃描或寄回至「22103新北市汐止區大同路三段194號9樓之1讀品文化收」

廣 告 回 信
基隆郵局登記證
基隆廣字第 55 號

2 2 1 - 0 3

新北市汐止區大同路三段 194 號 9 樓之 1

讀品文化事業有限公司　收

電話/(02)8647-3663　　傳真/(02)8647-3660

劃撥帳號/18669219　　永續圖書有限公司

請沿此虛線對折免貼郵票或以傳真、掃描方式寄回本公司，謝謝！

讀好書品嚐人生的美味

公司跟你想的不一樣：做到最好才能「活」下來